生存時間解析［応用編］
SASによる生物統計

大橋靖雄・浜田知久馬・魚住龍史——著

東京大学出版会

SAS システムは米国 SAS Institute 社製のコンピュータソフトウェアです.

Advanced Survival Analysis:
Biostatistics Using SAS
Yasuo OHASHI, Chikuma HAMADA and Ryuji UOZUMI
University of Tokyo Press, 2016
ISBN978-4-13-062317-9

まえがき

　生存時間データに対する統計手法として，カプラン・マイヤー法，ログランク検定，そしてコックス回帰の3点セットは，現在では医薬統計学の標準手法として定着している．1995年に東京大学出版会から刊行された『生存時間解析――SASによる生物統計』は，製薬企業や大学・研究機関における実務統計家や臨床家が生存時間解析手法を理解し，SASでの実行と結果の解釈をする上で大きな役割を果たしたと自負している．前著における内容は，日本科学技術連盟のBioSコース（臨床試験セミナー 統計手法専門コース：1989年に始まり，現在は27年目で1400名以上の修了生を出している）の初期に大橋が行った講義に基づいている．

　前著が刊行されてから20年もの歳月が流れ，その間薬事行政の法規制も大きく変化した．例えば，日本における抗悪性腫瘍薬の臨床評価のガイドラインでは，第III相試験の成績は承認時までにその試験の計画書を提出するとの条件付きで，承認後に提出することも認めるものとされていたが，2005年に改訂が行われ，患者数の多いがん腫（非小細胞肺癌，胃癌，大腸癌，乳癌など）で延命効果を中心に評価する第III相試験の成績を承認申請時に提出することが必須化された．現在では，抗がん剤に限らず，製薬企業による治験の多くの申請資料に生存時間データの解析結果が含まれるようになった．また，その後の生存時間解析の方法論の発展により前著で解説されていない統計手法も多く開発され，SASに実装されるようになっており，実際の臨床試験で応用され始めている．このような状況から，前著のSASの最新機能に対応した改訂版に対する熱い要望に応えるべく検討してきたが，近年の生存時間解析における方法論の急速な進歩，およびバージョン9.2以降の多数の新機能に鑑みて，新たに『生存時間解析　応用編――SASによる生物統計』として出版することとした．本書は基本編である『生存時間解析――SASによる生物統計』の姉妹本と位置付けているため，前著で解説されている生存時間解析の数理とSASの生存時間解析のプロシジャの基本的な使い方は前提知識と

して考えている．これらの内容については基本編で確認していただきたい．

現在，生存時間解析に関連したSASの分析機能はSAS/STATとして提供されており，SAS/STATはほぼ毎年メンテナンス版がリリースされている．本書ではSAS/STATに追加された最新機能の使い方を幅広く解説している．例えば，生存時間解析ではカプラン・マイヤープロットを示すことはほぼ常套手段となっているが，以前のバージョンのSASで出力されたグラフは，実務上の報告資料として利用できるクオリティーではなかった．SASにおける大きな変革の1つとして，ODS (Output Delivery System) GRAPHICSの機能が追加され，治験の総括報告書や学術論文・学会発表の図に用いることができる水準のグラフを作成できるようになったことが挙げられる．生存確率に対してグラフ化を行うカプラン・マイヤープロットだけでなく，ハザードに対してもグラフによる可視化ができるようになっており，第2章において，ノンパラメトリックな生存時間解析を行うLIFETESTプロシジャのSASプログラムとともにそれらの作成手順を詳述している．コックスの比例ハザードモデルによる解析を行うためのPHREGプロシジャでは，基本編が刊行された頃よりもステートメント（文）の数が倍以上に増えている．第3章では，共変量および多重性の同時調整，比例ハザード性および線型モデルの仮定の評価，フレイルティモデルと周辺コックスモデルによるクラスター生存時間データの解析などについて解説している．また，医学分野で生存時間解析を実施するにあたって，臨床試験では必要例数を事前に見積り，計画書に設定根拠とともに明記しなければならない．第4章では，必要例数の計算をSASで実施する手順について，生存時間解析における例数設計の数理を整理しながら解説し，POWERプロシジャでの実行法を示している．

以上のように，本書は基本編と同様に，医学分野の生存時間解析をSASで行っている実務家を読者と想定しており，最新の生存時間解析の手法のSASでの実行を可能にするものである．国内の臨床試験における生存時間解析のレベルの更なる向上に本書がお役に立てれば幸いである．

なお，この本の内容のかなりの部分は，SASユーザー総会において著者らが発表した内容を基にしている．本書の内容量と熟成度が向上したとすれば，それは著者ら以外の発表者，共同研究者からの刺激によるところも多い．最

後に，平井隆幸氏（日本化薬株式会社），吉田早織氏（日本化薬株式会社），飯塚政人氏（田辺三菱製薬株式会社），志村将司氏（大鵬薬品工業株式会社）には校正にご協力頂いた．また，常に励まして頂いた東京大学出版会の丹内利香氏をはじめ，これら多くの方々に重ねて感謝の意を表したい．

　2016 年 7 月

大橋　靖雄，浜田　知久馬，魚住　龍史

目 次

まえがき .... *iii*

第1章 SASによる生存時間解析の応用にむけて *1*
  1.1 生存時間解析とSAS *1*
    1.1.1 LIFETESTプロシジャ（第2章） *4*
    1.1.2 PHREGプロシジャ（第3章） *4*
    1.1.3 POWERプロシジャ（第4章） *5*
    1.1.4 LIFEREGプロシジャ *5*
    1.1.5 SURVEYPHREGプロシジャ *5*
    1.1.6 QUANTLIFEプロシジャ *6*
    1.1.7 ICLIFETESTプロシジャ *6*
    1.1.8 ICPHREGプロシジャ *6*
  1.2 生存関数とハザード関数 *7*
  1.3 本書で扱うデータ概要 *9*
    1.3.1 Gehanのデータ（データセット名：Gehan） *10*
    1.3.2 皮膚癌のデータ（データセット名：Scancer） *11*
    1.3.3 肺癌のデータ（データセット名：VALung） *12*
    1.3.4 膵臓癌のデータ（データセット名：Pcancer） *14*
    1.3.5 骨髄腫のデータ（データセット名：Myeloma） *15*
    1.3.6 糖尿病性網膜症のデータ（データセット名：Diab） *15*
    1.3.7 フォーマット *16*
  1.4 ODS GRAPHICSによるグラフの出力 *17*

第2章 生存関数のノンパラメトリックな推定と検定（LIFETESTプロシジャ） *21*
  2.1 ノンパラメトリックな生存関数とハザード関数の推定 *21*

　　　　2.1.1　カプラン・マイヤー推定量 *22*
　　　　2.1.2　カプラン・マイヤープロット *25*
　　　　2.1.3　生存関数の信頼区間 *42*
　　　　2.1.4　生存関数の信頼バンド *51*
　　　　2.1.5　ハザードの推定と可視化 *58*
　2.2　生存関数の群間比較 *65*
　　　　2.2.1　2群間の比較 *66*
　　　　2.2.2　多重比較法による解析 *73*

第3章　コックス回帰によるハザード比の推定とその拡張（PHREGプロシジャ） *83*

　3.1　PHREGプロシジャによる様々な線型仮説に対する検討 *88*
　3.2　共変量および多重性の調整 *106*
　3.3　最大対比法の適用 *114*
　3.4　モデルの評価 *117*
　　　　3.4.1　残差統計量 *117*
　　　　3.4.2　累積ショーンフェルド残差プロットによる比例ハザード性の評価 *127*
　　　　3.4.3　累積マルチンゲール残差プロットによる線型モデルの仮定の評価 *135*
　3.5　フレイルティモデルと周辺コックスモデルによるクラスター生存時間データの解析 *143*

第4章　生存時間解析における例数設計（POWERプロシジャ） ... *153*

　4.1　生存時間解析における例数設計の概要 *156*
　　　　4.1.1　ハザード比の見積もり *157*
　4.2　フリードマンの方法とショーンフェルドの方法 *159*
　　　　4.2.1　指数分布に基づくパラメータの最尤推定 *159*
　　　　4.2.2　フリードマンの方法 *161*
　　　　4.2.3　ショーンフェルドの方法 *163*

	4.2.4	フリードマンの方法とショーンフェルドの方法の比較	165
	4.2.5	ログランク検定との関連	166
	4.2.6	DATA ステップによる例数設計	170
	4.2.7	登録期間を考慮した例数設計	172
	4.2.8	アンバランスな割付を考慮した例数設計	174
4.3	POWER プロシジャによる生存時間解析の例数設計	175
	4.3.1	ラカトスの方法	175
	4.3.2	POWER プロシジャによる実行例	177
	4.3.3	フリードマンの方法とショーンフェルドの方法による例数との比較	187
	4.3.4	区分直線モデルによる例数設計	190

参考文献 197

事項索引 209

英文索引 213

SAS プロシジャ関連索引 214

第1章
SASによる生存時間解析の応用にむけて

1.1 生存時間解析と SAS

　ある基準の時刻からある目的の反応（観測対象とする個体に対し一度だけ非再起的に起きる事象）が起きるまでの時間 (time-to-event) を対象とした解析手法の総称を生存時間解析 (survival analysis)，あるいは寿命データ解析 (life-data analysis) と呼ぶ．解析対象となる時間は，failure time あるいは survival time と呼ばれ，日本語では「生存時間」と呼ばれる．また，場面に応じて「全生存期間 (overall survival)」，「無増悪生存期間 (progression-free survival)」などの言葉が用いられる．このとき対象とする事象をイベント (event) あるいはエンドポイント (endpoint) と呼ぶことにする．本書では，生存時間解析の対象を医学・薬学の分野に限定する．

　生存時間解析の特徴は，打ち切り (censor(ing)) を受けたデータを扱う点にある．打ち切りデータの例として，死亡をイベントとした臨床研究においては，脱落 (drop out) あるいは患者の転院などによりその後のフォローアップができなくなる場合や，解析段階あるいはデータ固定段階で生存している患者が存在する場合を指す．生存時間が長い個体ほど打ち切りを受けやすいため，打ち切りデータを無視した解析結果にはバイアスが生じてしまう．

　打ち切りには大きく分けて3種類あり，ここで述べた打ち切りは，右側打ち

切り (right-censoring) と呼ばれる．その理由は，イベントがある時点より右（後）の方向で起こったことはわかっているものの，その時点で生存時間に関する情報が打ち切られているためである．右側打ち切りに対して左側打ち切り (left-censoring) も存在する．すなわちイベントがある時点より左（前）の方向で起こったことはわかっているものの，正確にいつかはわからない場合である．また，無増悪生存期間のように，定期的な検査でがん腫瘍の増悪がわかるような場合には，引き続く検査の間のどこかでイベントが起きたということしかわからず，この場合の生存時間は区間打ち切り (interval-censoring) データと呼ばれる（区間打ち切りデータの解析については Sun (2006), Chen et al. (2012), 応用例として Fukushima et al. (2006) を参照されたい）．本書で打ち切りという用語を使う場合は，右側打ち切りを意味するものとする．

　大橋・浜田 (1995) による『生存時間解析——SAS による生物統計』が刊行された頃から，SAS (Statistical Analysis System) は生物統計の分野を含めて，標準的なデータ解析システムとして世界的に普及しており，現在ではビッグデータ・アナリティクスなどのより多岐に渡る分野で使用されている．SAS は SAS Institute Japan 株式会社によって提供されているデータ解析言語であり，そのプログラムは DATA ステップと呼ばれるデータハンドリング用のプログラムと，PROC ステップと呼ばれる統計手法の既成パッケージの記述があり，本書ではそれらを組み合わせて使う．PROC ステップでは，プロシジャと呼ばれるプログラム単位にさまざまなオプション文を指定してプログラムを作成する．SAS によるプログラムの初歩的な事柄については，市川ら (2011) による『SAS によるデータ解析入門』などの入門書で補っていただきたい．SAS Institute Japan 株式会社から提供されているソフトウェアとして，現在では SAS Enterprise Guide や JMP などがあり，プログラムを組まずにデータ解析を実行できる環境も整っている．また，SAS による分析ツールは，統計解析だけでなく，オペレーションズ・リサーチ (SAS/OR)，品質管理 (SAS/QC)，計量経済学・時系列分析 (SAS/ETS) などにおいても用いられているため，統計手法に関するプロシジャは現在 SAS/STAT として提供されている．特にバージョン 9 以降，SAS/STAT の機能は大幅に強化

されており，現在も継続的に拡張されている．最近では ODS GRAPHICS により，グラフ機能も格段に充実した．

・本書の位置づけ

　生存時間解析に用いられる SAS/STAT の主なプロシジャは LIFETEST, PHREG, LIFEREG の3つである．大橋・浜田 (1995) 刊行後，国内の臨床試験における生存時間解析のレベルは大きく向上し，医薬統計の標準手法として用いられるようになった．ほとんどのがん臨床試験の解析に LIFETEST プロシジャおよび PHREG プロシジャが用いられてきたといえる．しかし，生存時間解析の方法論の発展とともに SAS の機能が日々拡張され，それぞれのプロシジャにおいて大橋・浜田 (1995) でカバーされていない機能が大幅に増えた．

　本書では，生存時間解析の応用編という位置づけで，大橋・浜田 (1995) 刊行時には利用できなかった SAS の機能のうち，医学分野でよく用いられる LIFETEST, PHREG で実施可能になった機能を解説する．また，臨床試験の計画段階では，何名の対象者を集めて試験を実施するかを規定しなければならない．POWER プロシジャは，例数設計を行うために有用なプロシジャであり，生存時間解析の例数設計を行うことも可能である．

　なお，本書では大橋・浜田 (1995) で解説されている生存時間解析の基本的事項は前提知識として編集している．例えば，第2章の LIFETEST プロシジャで実行できるカプラン・マイヤー推定量の数理やログランク検定の数理，第3章の PHREG プロシジャで実行できるコックス回帰の数理については詳述していない．これらの知識を習得していない場合は，大橋・浜田 (1995) を参照されたい．

大橋靖雄・浜田知久馬 (1995)．『生存時間解析――SAS による生物統計』．東京大学出版会．

　以下，第2章以降の概説を兼ね，LIFETEST プロシジャ，PHREG プロシジャ，POWER プロシジャの簡単な説明を行う．

1.1.1　LIFETEST プロシジャ（第 2 章）

ノンパラメトリックな生存関数の推定（例：カプラン・マイヤー法），群間比較のための検定（例：ログランク検定，一般化ウイルコクソン検定）を行うことができる．カプラン・マイヤー法によるノンパラメトリックな生存関数の推定結果は，カプラン・マイヤープロットとしてグラフ出力で報告することがよく行われている．現在の SAS ではグラフィックベースのきれいなプロットを出力できるようになり，カプラン・マイヤープロットをきれいに描くこと，および様々な修飾を加えて作成することが可能になった．また，生存関数の信頼区間の構成法も拡張され，信頼バンドも構成できるようになった．群間比較のためのノンパラメトリック検定に関しても，タローン・ウェア検定やハリントン・フレミング検定などの多くの検定手法を行うことができる．多群間の比較の場合，ダネット法などの多重比較法を適用できるようになっている．

1.1.2　PHREG プロシジャ（第 3 章）

コックス回帰 (Cox regression) を行うためのプロシジャであり，Proportional Hazard REGression（比例ハザード回帰）の略である．臨床研究では（処理の違いを除く）患者予後に影響を及ぼしうる共変量を予後因子と呼び，PHREG プロシジャでは多数の共変量の影響をモデル化し，様々な線型仮説の検討ができる．近年拡張された点として，共変量の影響をモデル化した下で，多重性の調整も実施できるようになった．また，コックス回帰の前提条件となる比例ハザード性の残差統計量による評価や，線型性の評価ができるようになった．さらに，フレイルティモデルあるいは（ロバスト分散を用いた）周辺コックスモデルによるクラスター生存時間データの解析も実施できるようになった．

1.1.3 POWER プロシジャ（第 4 章）

様々な解析手法に対する例数設計や検出力 (power) を計算するためのプロシジャである．近年の臨床試験では，第 III 相試験以外でも，研究目的を明確にするために，試験の必要例数を計画段階で事前に見積もらなければならない．POWER プロシジャでは，生存時間分布に指数分布や区分直線モデルを想定して，例数設計を行うことができる．また，登録期間やフォローアップ期間の長さを考慮して，必要イベント数や登録例数も算出することが可能であり，検出力曲線を出力して感度分析も行うことができる．

上記のプロシジャの他に，生存時間解析でよく用いられるプロシジャとして LIFEREG が挙げられる．また，近年の SAS のバージョンアップにより，生存時間解析のためのプロシジャとして，SURVEYPHREG, QUANTLIFE, ICLIFETEST, ICPHREG も追加された．紙面の都合上，本書ではこれらのプロシジャについて解説を行わないが，それぞれの概要を簡単に示す．

1.1.4 LIFEREG プロシジャ

生存時間にある分布型を想定するパラメトリックな解析手法を，最尤法によって実行するプロシジャである．共変量の影響は，加速モデル（対数線型モデル）と呼ばれるモデルに基づいて定式化される．基準となる生存時間分布としては，指数分布，ワイブル分布，対数正規分布，対数ロジスティック分布，一般化ガンマ分布を想定することができる．左側打ち切りデータあるいは区間打ち切りデータを扱うことも可能となっている．詳細は，大橋・浜田 (1995) 第 4 章を参照されたい．

1.1.5 SURVEYPHREG プロシジャ

バージョン 9.3 から追加されたプロシジャであり，標本調査に基づく生存時間データに対して，比例ハザードモデルによる解析を行うことができる．算出される回帰係数およびハザード比に対する分散は，テイラー展開あるいはリサンプリング法を用いて算出される．

1.1.6 QUANTLIFE プロシジャ

バージョン 9.4 (SAS/STAT 13.1 [バージョン 9.4 の第 1 メンテナンスリリース]) から正規版として追加されたプロシジャであり，生存時間データに対して分位点回帰 (quantile regression) を行うことができる．通常の回帰分析が平均値を対象としている一方，分位点回帰では中央値 (50%点) を含めた任意の分位点を対象として，共変量との関係をモデル化する．通常の連続量データに対する分位点回帰は QUANTREG プロシジャで実行でき，MODEL 文における QUANTILE = オプションで任意の分位点を指定する．分位点回帰については，Koenker and Bassett (1978)，生存時間解析への拡張については Koenker and Geling (2001), Portnoy (2003), Peng and Huang (2008) を参照されたい．QUANTLIFE プロシジャでは，生存時間データの回帰パラメータの推定方法として，カプラン・マイヤー法とネルソン・アーレン法を指定できる．浜田・魚住 (2016) は，QUANTLIFE プロシジャを用いた生存時間分布の予測について解説している．

1.1.7 ICLIFETEST プロシジャ

バージョン 9.4 (SAS/STAT 13.1) から追加されたプロシジャであり，区間打ち切りデータに対するノンパラメトリックな生存関数の推定，信頼区間の構成，群間比較のための検定を行うことができる．LIFETEST プロシジャが右側打ち切りデータを扱うのに対して，ICLIFETEST プロシジャは区間打ち切りデータを解析することを目的として用意されており，右側打ち切りデータ，左側打ち切りデータに対しても実行することができる．しかし，右側打ち切りデータのみを扱う場合は，LIFETEST プロシジャを使用した方がよい．

1.1.8 ICPHREG プロシジャ

バージョン 9.4 (SAS/STAT 13.2 [バージョン 9.4 の第 2 メンテナンスリリース]) から追加されたプロシジャであり，区間打ち切りデータに対して比

例ハザードモデルによる解析を行うことができる．PHREG プロシジャが右側打ち切りデータを扱うのに対して，ICPHREG プロシジャは区間打ち切りデータを解析することを目的として用意されており，ICLIFETEST プロシジャと同様に右側打ち切りデータ，左側打ち切りデータに対しても実行することができる．右側打ち切りデータのみを扱う場合は，PHREG プロシジャを使用した方がよい．セミパラメトリックな解析を行う PHREG プロシジャと異なり，基準ハザード関数に特定の分布を仮定しなければならない．基準ハザード関数として，区分直線モデル (Friedman, 1982) や 3 次スプラインモデル (Royston and Parmar, 2002) を指定することができる．

1.2 生存関数とハザード関数

第 2 章以降の準備として，生存時間分布を記述する数学的道具である生存関数とハザード関数について説明する．また今後しばらくの間イベントを死亡と言い換える．T を生存時間を表す非負の確率変数であるとする．生存時間分布の 1 つの表現が生存関数 $S(t)$（英語では survival distribution function, あるいは survival function）であり，これは，確率変数 T が一定時点 t を越える確率を意味する．生存関数は，survival distribution の S をとって $S(t)$ で表記されるのが普通である．一方，ハザード関数は，hazard function の頭文字をとって $h(t)$ で表記されたり，$\lambda(t)$ と表されることが多い．この定義は，$T \geq t$ となる条件の下で，次の瞬間に死亡が起きる確率を意味する．

生存関数とハザード関数，そして累積ハザード関数を式で表すと，以下のようになる．

生存関数 (survival function):

$$S(t) = \mathrm{Prob}(T \geq t) \tag{1.2.1}$$

(t まで生き残る確率)

ハザード関数 (hazard function):

$$\begin{aligned}
h(t) &= \lim_{\Delta \to \infty} \frac{\text{Prob}(t \leq T < t + \Delta t \mid T \geq t)}{\Delta t} \\
&= \lim_{\Delta \to \infty} \frac{S(t) - S(t + \Delta t)}{\Delta t \cdot S(t)} \\
&= -\frac{dS(t)}{dt} \cdot \frac{1}{S(t)} \\
&= -\frac{d(\log S(t))}{dt}
\end{aligned} \qquad (1.2.2)$$

(ある瞬間 t の死亡率)

累積ハザード関数 (cumulative hazard function):

$$H(t) = \int_0^t h(u)du = -\log S(t) \qquad (1.2.3)$$

$[S(t) = \exp(-H(t))]$

生存時間分布は生存関数,ハザード関数,あるいはハザード関数の積分である累積ハザード関数でも表現することができる.生存関数が求まればハザード関数も求まり,逆にハザード関数が求まれば生存関数を求めることができる.確率密度関数 $f(t)$ と,$S(t)$,$h(t)$ との関係は,

$$f(t) = S(t) \cdot h(t) \qquad (1.2.4)$$

となる.確率密度関数 $f(t)$ は,時点 t まで生存する確率 $S(t)$ と,時点 t まで生存したという条件付きで時点 t の瞬間に死亡する確率 $h(t)$ の積である.

以上のように,生存時間分布を記述する方法として生存関数,ハザード関数,累積ハザード関数の3つの表現方法があり,これらはどれか1つを定めれば残りの2つも自動的に決まるという意味で数学的には等価なものである.

ハザード関数は瞬間死亡率であるため非負の関数である.累積ハザード関数はハザードを時間について積分したものであり,非負の値しかとらないハザードを積分するので,当然単調増加関数になる.これに対し生存関数は,

時点 0 では 1 の値をとり，単調減少し，最終的に全部の個体が死亡するならば t が大きくなるにつれ 0 に漸近する．ハザード関数が大きな値をとるほど死亡のリスクが高く生存関数は速く 0 に近づく．例えばある処置を施すことによって，どの時点でも (1.2.5) 式に示すようにハザード関数が a 倍になるとすると

$$h_a(t) = a \cdot h(t) \qquad (1.2.5)$$

生存関数とハザード関数の間には $S(t) = \exp\left(-\int_0^t h(u)du\right)$ という関係が成立するので，

$$\begin{aligned} S_a(t) &= \exp\left(-\int_0^t a \cdot h(u)du\right) \\ &= \left[\exp\left(-\int_0^t h(u)du\right)\right]^a = S(t)^a \end{aligned} \qquad (1.2.6)$$

となる．(1.2.6) 式からハザードで a 倍のリスクの上昇は，生存関数では a 乗の形で効いてくることがわかる．生存関数は 0 から 1 の間の値をとるので，a が正（リスクが上がる）であれば，生存関数は a 乗することによって小さくなる．例えば時点 t における元の生存関数の値を 0.8 とすると，ハザードが 2 倍になると $S_a(t)$ は 0.64 となり，ハザードが 4 倍になると 0.41 になる．

生存時間解析において基本となるのが指数分布 (exponential distribution) である．このときハザードは時間によらない定数 λ であり，どこまで生存したかによってその後のハザードが変わることはない．指数分布の他に，応用上よく用いられる生存時間分布としてワイブル分布 (Weibull distribution) が挙げられる．形状パラメータが 1 の場合，ワイブル分布は指数分布に帰着する．これら確率分布の詳細については，蓑谷 (2010) を参考されたい．

1.3 本書で扱うデータ概要

第 2 章以降の説明では，実際に LIFETEST プロシジャと PHREG プロシジャを実行させながら解説する．その際に解析対象として用いる生存時間

データの概要を示す．

なお，1.3 節で示す SAS データセットを生成するための SAS プログラムは，東京理科大学の浜田研究室のホームページ (http://www.rs.kagu.tus.ac.jp/hamada/lab.html) にてダウンロード可能である．

1.3.1 Gehan のデータ（データセット名：Gehan）

急性白血病の寛解維持に 6-mercaptopurine (6-MP) とプラセボ (CONTROL) とを比較するためのランダム化臨床試験から得られたデータである (Freireich *et al.*, 1963)．全体で 92 例の患者がこの研究に登録されてプレドニゾン療法を受け，55 例の患者が完全寛解し，7 例が部分寛解であった．寛解に達した患者の部分集団 ($n = 42$) に維持療法として 6-MP あるいはプラセボがランダムに割り付けられ，データとして寛解状態から急性白血病の再発までの時間が週を単位に得られている．このデータを以下 Gehan のデータと呼び，生データを図表 1.3.1 に示す．対照群 ($n = 21$) と 6-MP 群 ($n = 21$) の 2 群からなり，図表 1.3.1 中の*は打ち切りを示している．対照群では全例再発したが，6-MP 群では打ち切りが 12 例存在した．

図表 1.3.1 Gehan のデータ（単位：週）

対照群 ($n = 21$)									
1	1	2	2	3	4	4	5	5	8	8
8	8	11	11	12	12	15	17	22	23	
6-MP 群 ($n = 21$)									
6*	6	6	6	7	9*	10*	10	11*	13	16
17*	19*	20*	22	23	25*	32*	32*	34*	35*	

*：打ち切り

図表 1.3.2 は，DATA ステップで作成された Gehan のデータセットの一部である．データセット Gehan では，再発または打ち切りの時間を表す変数が Week で，群を表す変数が Drug（対照群であれば 0，6-MP 群であれば 1），打ち切りを表す変数が Remiss（打ち切りであれば 0，再発であれば 1) である．打ち切りを表す変数は，文字変数であっても数値変数であってもかまわない．変数 Drug と Remiss については入力が簡単になるようにコード化し

図表 1.3.2 Gehan のデータセット

Drug	ID	Week	Remiss
0	1	1	1
0	2	1	1
0	3	2	1
⋮			
1	22	6	0
1	23	6	1
1	24	6	1
⋮			

た数値変数にしてある．

Gehan のデータは，2.1 節のノンパラメトリックな生存関数の推定とハザード関数の推定，2.2.1 項の生存関数の 2 群間比較で扱う．

1.3.2 皮膚癌のデータ（データセット名：Scancer）

図表 1.3.3 は，ラットの皮膚癌 (skin cancer) の実験データを用量群ごとに示したものである (Scribner *et al.*, 1983)．この実験は元々は 2 元配置型の完全ランダム化実験で，皮膚癌の発癌物質（イニシエーター）である DMBA を 2 水準（投与なし，100 nmol），発癌促進物質（プロモーター）である BrMeBA を 3 水準 (10, 30, 90 nmol) とり，イニシエーターとプロモーターの相互作用などを検討するために計画された．他の臓器の癌と異なり，皮膚癌は発生の有無が表皮を観察することによって直接わかるため，癌の発生時期がほぼ正確に決定できる．この発癌実験の目的は，皮膚癌の発生をイベントと考え，皮膚癌発生までの時間に薬物が影響を与えるかを調べることであった．ただし，ここではイニシエーターを投与した 3 群（1 群あたり 30 匹）のみを取りあげる．この実験の最大の興味は，プロモーターの投与量の増加に伴って癌の発生が用量相関的に増えるかどうかを調べることにあった．図表 1.3.3 に示した数値は皮膚癌の発生週である．

図表 1.3.4 は，DATA ステップで作成された Scancer のデータセットの一部である．イベント発生または打ち切りの時間を表す変数が Time で，群の投与量を表す変数が Dose，また打ち切りを表す変数が Censor（打ち切り

図表 1.3.3　皮膚癌のデータ（単位：週）

10 nmol (低用量)	40	76*	76*	76*	64*	66	76*	76*	76*
	32	40	60	72*	76*	44	62	60*	76*
	40	42	60	76*	76*	48	76*	76*	76*
30 nmol (中用量)	26*	46	32	49*	44	44*	43*	40	44	45
	22	43*	48	44	44	36	44	42	45	49*
	33*	38	48*	48*	47*	41	46	46	38	35*
90 nmol (高用量)	36	40	44	44	49*	29	28	34*	48	49*
	40	42	40	38	38	32	38	32	49*	22
	32	38	48*	23*	32	49*	44*	45	49*	1*

*：打ち切り

図表 1.3.4　データセット Scancer の変数名

Dose	ID	Time	Censor
10	1	40	1
10	2	76	0
10	3	76	0
⋮			
30	31	26	0
30	32	46	1
30	33	32	1
⋮			
90	61	36	1
90	62	40	1
90	63	44	1
⋮			

あれば 0, イベントであれば 1) である.

　皮膚癌のデータは 3 つの用量群から構成されるデータであるため, 2.2 節のノンパラメトリック多重比較法, 3.3 節の最大対比法の適用で扱う.

1.3.3　肺癌のデータ（データセット名：VALung）

データセット VALung (Veterans Administration Lung cancer trial) は, Kalbfleisch and Prentice (2002) で使用されたデータを一部抽出したものであり ($n = 137$), SAS/STAT PHREG プロシジャのマニュアルでも用いられている. この研究の目的は, 男性の進行肺癌患者を対象としたランダム

化比較試験であり，治療法（変数名：Therapy）として，試験治療 (Therapy = 'test') と標準治療 (Therapy = 'standard') を比較するために行われた．評価項目は死亡までの時間（日）（変数名：Time）としてデータが得られ，主な共変量として組織型（変数名：Cell），既往歴（変数名：Prior），年齢（変数名：Age），診断からランダム化までの期間（月）（変数名：Duration），カルノフスキー (Karnofsky) の Performance Scale（変数名：Kps）が得られている．組織型は 4 水準（Cell = 'adeno'「腺癌」，'small'「小細胞癌」，'large'「大細胞癌」，'squamous'「扁平上皮癌」），既往歴は有無 (Prior = 0「無」, 1「有」) の 2 値カテゴリカル変数であり，カルノフスキーの Performance Scale は 0 から 100 をとる連続量である．

図表 1.3.5 にデータの変数の名前と内容を示した．カテゴリーのカラムに SAS データセットにおけるコードとカテゴリーの対応を示した．

図表 **1.3.5** 肺癌データの変数名とその説明

変数名	内容	タイプ	カテゴリー	n
Time	死亡までの時間（日）	連続（数値変数）		
Duration	診断からランダム化までの期間（月）	連続（数値変数）		
Age	年齢	連続（数値変数）	平均値：58.3 歳	
Kps	カルノフスキーの Performance Scale	連続（数値変数）	平均値：58.6 歳	
Therapy	治療法	2 値カテゴリカル（文字変数）	standard	69
			test	68
Cell	組織型	カテゴリカル（文字変数）	adeno	27
			large	27
			small	48
			squamous	35
Prior	既往歴	2 値カテゴリカル（数値変数）	0：無	97
			1：有	40
Censor	打ち切り変数	2 値カテゴリカル（数値変数）	0：死亡	128
			1：打ち切り	9

死亡または打ち切りの時間を表す変数が Time で，打ち切りを表す変数が Censor（打ち切りであれば 1，死亡であれば 0）である．Age 以降の変数 5 つが生存時間との影響を調べたい共変量である．

肺癌のデータは生存時間との影響を調べたい共変量が複数存在するデータであるため，3.1 節の様々な線型仮説に対する検討，3.2 節の共変量および多重性の調整で扱う．

1.3.4 膵臓癌のデータ（データセット名：Pcancer）

データセット Pcancer は，Nishimura et al. (1988) で解析された膵臓癌 (pancreas cancer) のデータのうち，一部を抽出したものである ($n = 83$). この研究の目的は，手術中に放射線を照射（以下，術中照射）することによって，患者が延命するかどうかを調べることであった．ただし，ランダム化を行っていない観察研究であり，術中照射を行うかどうかは設備の利用可能性などの問題を含めて医師の判断によっている．このデータにおけるイベントは癌死であり，生存時間は手術時点から膵臓癌による死亡までの期間（単位：月）である．

図表 1.3.6 に膵臓癌データの変数の名前と内容を示した．カテゴリーのカラムに SAS データセットにおけるコードとカテゴリーの対応を示した．

図表 1.3.6 膵臓癌データの変数名とその説明

変数名	内容	タイプ	カテゴリー	n
ID	患者番号			
Time	生存時間（月）	連続		
Censor	打ち切り変数	2値カテゴリカル	0：死亡	82
			1：打ち切り	1
Age	手術時の年齢	連続	平均値：61.1 歳	
Treat	処置法	2値カテゴリカル	0：術中照射なし	22
			1：術中照射あり	61
BUI	占居部位	2値カテゴリカル	0：頭部	18
			1：頭部以外	65
Stage	TNM 分類に基づくステージ	順序カテゴリカル	3：III	44
			4：IV	39

死亡または打ち切りの時間を表す変数が Time で，打ち切りを表す変数が Censor（打ち切りであれば 1，死亡であれば 0）である．Age 以降の変数 3 つが生存時間との影響を調べたい共変量である．TNM 分類に基づくステージは本来順序カテゴリカルデータであるが，このデータではたまたま 2 値カテゴリカルデータになっている．

膵臓癌のデータは，3.4 節のモデルの評価で扱う．

1.3.5 骨髄腫のデータ（データセット名：Myeloma）

骨髄腫 (myeloma) のデータは，アルキル化剤で 65 人の患者を治療する試験から得られたデータである．SAS/STAT PHREG プロシジャのマニュアルのデータの一部を抽出したものである．図表 1.3.7 は，DATA ステップで作成された Myeloma のデータセットの一部である．データセット Myeloma では，Time, VStatus, LogBUN の 3 変数が含まれており，死亡または打ち切りの時間を表す変数 Time は診断時点からの生存時間を月を単位として表している．打ち切りを表す変数は VStatus（打ち切りであれば 0，死亡であれば 1）であり，変数 LogBUN は診断時の BUN の対数をとったものである．変数 VStatus を集計すると，患者 65 人の内訳として死亡：48 人，打ち切り：17 人のデータとなる．

図表 1.3.7 Myeloma のデータセット

Time	VStatus	LogBUN
92	1	1.4314
32	1	1.3222
14	1	1.3979
⋮		

骨髄腫のデータは，3.4.1 項の残差統計量のうち，ショーンフェルド残差による比例ハザード性の評価で扱う．

1.3.6 糖尿病性網膜症のデータ（データセット名：Diab）

糖尿病性網膜症 (diabetic retinopathy) のデータは Lin (1994) で使用されたデータであり，SAS/STAT PHREG プロシジャのマニュアルでもクラスター生存時間データの解析例として用いられている．この研究の目的は，糖尿病性網膜症に対する治療法（変数名：Treat）としてレーザー治療 (Treat = 1) と他の治療 (Treat = 0) の比較を行うものであり，それぞれの患者（変数名：ID）は片側の眼にはレーザー治療，もう片側の眼には他の治療が行われ，ランダムに割り付けられた．197 名の両眼データが含まれているので，オ

ブザベーション数としては 394 であり，評価項目は失明までの時間を表す変数 Time である．それぞれの患者の基礎疾患の発症時期（変数名：Type）として，幼少（20 歳未満）であったか (Type = 0)，成人（20 歳以上）であったか (Type = 1) がデータとして得られている．

図表 1.3.8 にデータの変数の名前と内容を示した．カテゴリーのカラムに SAS データセットにおけるコードとカテゴリーの対応を示した．

図表 1.3.8　糖尿病性網膜症データの変数名とその説明

変数名	内容	タイプ	カテゴリー	n
ID	個体識別番号			
Time	失明までの時間	連続		
Treat	治療法	2 値カテゴリカル	1：レーザー治療	197
			0：他の治療	197
Type	基礎疾患の発症時期	2 値カテゴリカル	0：幼少（20 歳未満）	228
			1：成人（20 歳以上）	166
Status	打ち切り変数	2 値カテゴリカル	0：打ち切り	239
			1：イベント	155

Time は失明または打ち切りまでの時間を表す変数であり，Status は打ち切りを表す変数（打ち切りであれば 0，イベントであれば 1）である．ID が個体識別番号であり，Type と Treat が失明までの時間との影響を調べたい共変量である．

糖尿病性網膜症のデータは，3.5 節のフレイルティモデルと周辺コックスモデルによるクラスター生存時間データの解析で扱う．

1.3.7　フォーマット

本書では，1.3.1 項から 1.3.6 項のデータを SAS で解析する際，事前に FORMAT プロシジャで次のフォーマットを定義した上で実行している（図表 1.3.9）．フォーマットを指定してプロシジャを実行することで，例えばプロット上に文字列を出力したいときに有用である．

図表 1.3.9 本書で用いるフォーマット

フォーマット名	数値	文字列
Drugf	0	CONTROL
	1	6-MP
Adjustf	0	共変量調整なし
	1	共変量調整あり
Survf	0	カプラン・マイヤー法による生存時間曲線
	1	対比による予測生存時間曲線
Dosecf	10	10 nmol
	30	30 nmol
	90	90 nmol
Diabgrpf	1	幼少・レーザーなし
	2	成人・レーザーなし
	3	幼少・レーザーあり
	4	成人・レーザーあり
Lazerf	0	レーザーなし
	1	レーザーあり
Typef	0	幼少
	1	成人
Formf	1	1次
	2	2次
	3	3次
	4	4次

1.4 ODS GRAPHICS によるグラフの出力

バージョン 9.2 から ODS GRAPHICS による機能が正規版として追加された．ODS は Output Delivery System を表し，ODS GRAPHICS の機能によってグラフィックベースのきれいなプロットを出力することができる．この機能により，第 2 章で解説するカプラン・マイヤープロットをきれいに作成することができるようになったことで，SAS で作成したグラフを臨床試験の総括報告書や学術論文の図に用いることができる水準のグラフ作成が可能となった．

なお，「ツール」→「オプション」→「プリファレンス」で表示される設定の「結果」のタブにおいて，「ODS Graphics を使用する」にチェックが入っていない場合，ODS GRAPHICS による出力が無効となっている．ODS

GRAPHICS による出力を有効にさせるためには，プロシジャの実行前で次の 1 行を実行させる必要がある．

```
ods graphics on;
```

英小文字で記載しているが，英大文字で記述してもよい．

本書では，ODS GRAPHICS を含めた SAS の出力結果を HTML で表示する方法で示す．「ツール」→「オプション」→「プリファレンス」で表示される設定の「結果」のタブにおいて，「HTML を作成する」にチェックが入っていない場合，ODS HTML による出力が無効となっている．ODS GRAPHICS による出力を HTML で表示させるためには，プロシジャの実行前で以下のように実行させる必要がある．

```
ods html style=journal image_dpi=400;
ods graphics on;
```

「ODS Graphics を使用する」および「HTML を作成する」にチェックを入れていると，プロシジャの出力に時間がかかってしまうので，必要なときのみ上記の 2 行を実行させることを薦める．

なお，本書では ODS HTML 文に STYLE = JOURNAL を指定することで，ジャーナルスタイルでグラフを出力している．例えば，群別のグラフを示す場合，デフォルトでは群の違いを色で分けて出力する．ジャーナルスタイルの場合，モノクロ印刷でも群の違いを識別できるよう，実線と破線で分けて出力される．さらに，"IMAGE_DPI = " と DPI (dots per inch) を指定することで，グラフの解像度をデフォルト（HTML の場合，IMAGE_DPI = 100）よりも上げて出力している．

また，次の 2 行を実行させれば，ODS GRAPHICS による出力および ODS HTML は無効となる．

```
ods graphics off;
ods html close;
```

HTML 以外にも，PDF や RTF の形式としても出力可能である．加えて，バージョン 9.4 から Microsoft PowerPoint へも出力可能となっている（吉田ら，2015）．なお，ODS HTML や ODS PDF など，すべての ODS の出力先を無効にするには，次の 1 行を実行させればよい．

```
ods _all_ close;
```

第**2**章
生存関数のノンパラメトリックな推定と検定（LIFETESTプロシジャ）

本章では LIFETEST プロシジャを用いて，生存関数をノンパラメトリック (nonparametric) に推定する方法と，群間の生存関数の違いをノンパラメトリックに検定する方法を示す．2.1 節では，ノンパラメトリックな生存関数とハザード関数の推定として，LIFETEST プロシジャで新たに実行できる機能について説明する．2.2 節では，生存時間データに対するノンパラメトリックな検定を概説し，LIFETEST プロシジャによる多重比較法を中心に説明する．

2.1 ノンパラメトリックな生存関数とハザード関数の推定

ノンパラメトリックな生存関数の推定方法として，以前の LIFETEST プロシジャではカプラン・マイヤー法 (Kaplan-Meier method) と生命表法 (life table method) の 2 種類を指定することができた（大橋・浜田，1995）．現在の LIFETEST プロシジャでは，カプラン・マイヤー法と生命表法に加えて，ブレスロウ法，フレミング・ハリントン法も指定できる．また，累積ハザード関数の推定方法として，ネルソン・アーレン法を指定できる．ネルソン・アーレン法による累積ハザード関数は，ブレスロウ法による生存関数の推定と密接な関係がある方法である．2.1 節では，LIFETEST プロシジャで新たに実行

定方法について解説する．さらに，現在の SAS では，ODS GRAPHICS による機能によって，SAS でプロットをきれいに描けるようになった．この機能により，カプラン・マイヤー法による生存時間曲線のプロットをきれいに描け，様々な修飾を加えて作成できるようになった．2.1.1 項では，LIFETEST プロシジャのデフォルトであるカプラン・マイヤー法に関して，基本的事項を簡単に解説する．2.1.2 項では，様々なカプラン・マイヤープロットの作成方法とあわせて解説する．2.1.3 項と 2.1.4 項では，生存関数の信頼区間と信頼バンドの構成方法について解説し，これらを付加したカプラン・マイヤープロットの作成方法もあわせて解説する．2.1.5 項では，ネルソン・アーレン法による累積ハザード関数の推定について解説し，平滑化したハザード関数のプロットの作成について取りあげる．

2.1.1 カプラン・マイヤー推定量

LIFETEST プロシジャでは，生存関数のノンパラメトリック推定として，以下の方法を指定できる．いずれも PROC LIFETEST 文のオプションとして，METHOD = で指定する．なお，| は or の意味で，いずれを指定してもよいことを意味する．

生存関数のノンパラメトリック推定に関する指定

　　　・METHOD =　生存関数の計算方法を指定する．
　　　　　デフォルトではカプラン・マイヤー法によって計算される．
　　　　PL | KM　カプラン・マイヤー法
　　　　ACT | LIFE | LT　生命表法
　　　　BRESLOW　ブレスロウ法
　　　　FH　フレミング・ハリントン法

生存関数のノンパラメトリック推定方法として，LIFETEST プロシジャではカプラン・マイヤー法がデフォルトとして採用されている．出力結果として，積極限法による生存推定と表示される．

死亡（イベント）があった時点を $t_1, t_2, \ldots,$ とし，t_1 時点での死亡数を death の頭文字をとって d_1，t_2 時点での死亡数を d_2，以下同様であるとする．そして時点 $t_1, t_2, \ldots,$ の直前のリスク集合の大きさを $n_1, n_2, \ldots,$ で示す．なお，リスク集合の大きさ (number of subjects at risk) とはその直前でまだ生存していた（イベントが起きていない，つまり死亡のリスクにさらされていた）個体数である．試験の途中で死亡と打ち切りが生じるため，時間の経過とともにリスク集合の大きさは減る．例えば n_i は，時点 t_i より前に死亡または打ち切りを起こした個体を n_1 から除いた残りの数である．なお，死亡と打ち切りが同時点で起きている場合は，打ち切りを死亡直後に起きたとみなして処理を行う．

カプラン・マイヤー推定量は，(2.1.1) 式のように死亡が起きていない時点のハザードを 0 とし，死亡が起きている時点のハザード成分を（死亡数/リスク集合の大きさ）として，$(1 - $ ハザード成分$)$ を時点 t までの時点（このことを (2.1.1) 式では $t_i < t$ と表している）について掛け合わせた階段状の関数になる．

$$\hat{S}(t) = \left(1 - \frac{d_1}{n_1}\right) \times \left(1 - \frac{d_2}{n_2}\right) \times \cdots$$
$$= \prod_{t_i < t} \left(1 - \frac{d_i}{n_i}\right) \quad (2.1.1)$$

より正確にいえば，生存関数 $S(t)$ を任意に動かしてデータの死亡パターンが得られる確率を最大にするノンパラメトリックな最尤推定量を求めると，$\hat{S}(t)$ は死亡時点で段差を生ずる階段関数になり，各段階での関数の減少割合（死亡数/リスク集合の大きさ）がその時点前後でのハザードの積分に対応すると解釈できる．ハザード自体は死亡時点で無限大になるデルタ関数となるので，ここではハザード成分という言葉を用いて区別した．

LIFETEST プロシジャの基本的な構文

LIFETEST プロシジャで単純に生存関数やハザード関数のノンパラメトリック推定を行ったり，群間の生存時間分布の違いを調べたい場合には，次のような指定が標準となる．

```
proc lifetest data = 解析対象データセット;
  time 時間変数*打ち切り変数 (打ち切り値リスト);
  strata 群分けを表す変数;
run;
```

　上の指定によって LIFETEST プロシジャは，STRATA 文で指定した群分け変数の値ごとに生存関数の推定値や四分位点推定値と信頼区間，さらに群間の違いをノンパラメトリックに検定した結果が出力される．また，以前の LIFETEST プロシジャでは PLOTS オプションを指定しないとカプラン・マイヤープロットなどのグラフを出力できなかったが，ODS GRAPHICS による出力を有効にすれば，PLOTS オプションを指定せずに LIFETEST プロシジャのデフォルトとしてカプラン・マイヤープロットなどのグラフを出力できる．

　生存関数のノンパラメトリック推定を説明するために，Gehan のデータセットを扱う．1.3.1 項で述べたように，データセット Gehan では，再発または打ち切りの時間を表す変数が Week で，群を表す変数が Drug（対照群であれば 0，6-MP 群であれば 1），また打ち切りを示す変数が Remiss（打ち切りであれば 0，再発であれば 1）である．プログラム 2.1.1 は，Gehan のデータに対して，LIFETEST プロシジャによる生存関数のカプラン・マイヤー推定を行うプログラムである．データセット名 Gehan と各変数名は頭文字のみ英大文字で記載しているが，すべて英大文字あるいはすべて英小文字で記述しても同様の結果が得られる．

　LIFETEST プロシジャにおいて，生存関数のノンパラメトリック推定方法のデフォルトはカプラン・マイヤー法であるため，METHOD = PL | KM は指定しなくてもよい．STRATA 文で変数 Drug を指定しているため，群別にノンパラメトリック推定が行われる．

　生命表型の推定量に対応させれば，区間分けする時点を極限まで短く分割して，(1 − ハザード成分) の積をとったものと考えることもできる．この意味で，カプラン・マイヤー推定量は積極限推定量と呼ばれる．LIFETEST プ

プログラム 2.1.1　LIFETEST プロシジャによる基本的な実行プログラム

```
proc lifetest data=Gehan;
  time Week*Remiss(0);
  strata Drug;
  format Drug Drugf.;
run;
```

ロシジャの日本語の出力においても，カプラン・マイヤー法を指定した場合，積極限法という名称で表示される．

2.1.2　カプラン・マイヤープロット

　生存関数の推定結果を視覚的にとらえることは重要である．カプラン・マイヤー法により，生存関数のノンパラメトリック推定の結果を視覚的に示した図をカプラン・マイヤープロットと呼ぶ．

　本項では，LIFETEST プロシジャによるカプラン・マイヤー法による生存関数の推定を考える．特に臨床試験の分野では，カプラン・マイヤー法による生存関数の推定結果を示す方法として，カプラン・マイヤープロットによるグラフ表示がよく行われてきた．カプラン・マイヤープロットでは，打ち切り時点を"ひげ"で示し，各群においてどの時点で打ち切りが起きたかの情報を得ることができる．他にも，生存関数の差が群間でどれくらいあるのか，どの時点で差が大きくなるのか，最終的に生存関数の値はどの程度になるのか，生存関数が群間で交差していないかなどについて視察するために，カプラン・マイヤープロットによるグラフ表示は重要な役割を果たすといえる．

　ODS GRAPHICS ON としてプログラム 2.1.1 を実行すると，出力 2.1.1 のプロットが作成される．出力 2.1.1 はカプラン・マイヤープロットを時間 Week に対して示したものである．カプラン・マイヤープロットでは，生存関数の推定結果を階段状につないで示す．これに対して，生命表法 (METHOD = ACT | LIFE | LT) では，区間の最終時点の生存率を推定し，それを斜めの直線でつなぐのが一般的である．カプラン・マイヤープロットは ODS GRAPHICS による出力を設定していれば，デフォルトとして出力される．出力 2.1.1 より，対照群の方が 6-MP 群より生存関数が速く 0 に近づくこと

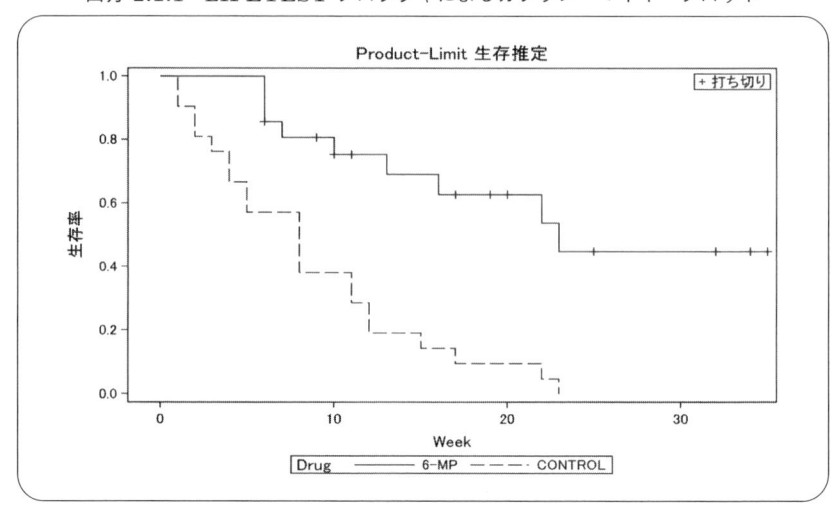

出力 2.1.1　LIFETEST プロシジャによるカプラン・マイヤープロット

がわかる．言い換えれば，対照群の方が白血病の再発のリスクが高いことがわかる．

また，打ち切りを表す"ひげ"が"+"記号で示されており，各群でいつの時点に打ち切りが起きたかの情報が出力されている．打ち切りがどちらかの群に集中していないか，いつの時点で打ち切りが起きているか，群間で打ち切りパターンが等しいかどうかについて確認できる．

・カプラン・マイヤープロットの修飾に有用なオプション

近年の臨床試験では，カプラン・マイヤープロットの下段にリスク集合（各時点でイベントが起きていない個体数）の大きさを出力したり，生存関数の信頼区間を付加したグラフで報告されることが増えている．SAS においても，バージョン 9.2 から ODS GRAPHICS による機能が正規版として追加され，これらの要求に対応できるようなグラフを作成できる環境となった．ODS GRAPHCIS による機能を用いると，以下の指定を行うことで，LIFETEST プロシジャによる実行結果として生存関数，生存関数の対数，生存関数の 2 重対数，ハザード関数の推定値のプロットを作成することが可能である．

PLOTS = プロットの種類を指定する．( ) で囲んで指定すれば，複数のプロットの指定も可能である．

- SURVIVAL | S 横軸: 時間，縦軸: 生存関数 ($\hat{S}$)
- LOGSURV | LS 横軸: 時間，縦軸: 生存関数の対数 ($-\log(\hat{S})$)
- LOGLOGS | LLS 横軸: 時間の対数，縦軸: 生存関数の 2 重対数 ($\log(-\log(\hat{S}))$)
- HAZARD | H 横軸: 時間，縦軸: ハザード関数
  カーネル法による平滑化ハザードの推定は，METHOD = KM | BRESLOW | FH を指定した下で作成される．
- PDF | P 横軸: 時間，縦軸: 確率密度関数
- ALL すべての適当なプロットを作成する．
  例えば，カプラン・マイヤー法を指定した場合，PLOTS = ALL で生存関数，生存関数の対数，生存関数の 2 重対数が出力される．
- ONLY リストに指定したプロットのみを作成する．
- NONE すべてのプロットの出力を省略する．

修飾を加えたカプラン・マイヤープロットを作成するために，プログラム 2.1.1 では指定しなかった PROC LIFETEST 文における PLOTS オプションを指定して実行する．PLOTS = S | SURVIVAL では以下のオプションを指定できる．なお，オプションは "PLOTS = S (オプション)" として指定する．

PLOTS = S（オプション）

- ATRISK 指定した時点におけるリスク集合の大きさを表示する．
- ATRISKTICK | ATRISKLABEL ATRISK オプションを指定したときに出力させる時点を示す．
- OUTSIDE カプラン・マイヤープロットの出力領域外にリスク集合の大きさを表示させる．OUTSIDE(k) と指定することで，ODS

GRAPHICS による全体の出力範囲のうち，リスク集合の大きさを表示させる割合を指定できる．k のデフォルト値は，群の数の 0.035 倍である．

- CL 生存関数の信頼区間を表示させる．5 種類 (LINEAR | LOG | LOGLOG | LOGIT | ASINSQRT) の変換関数を指定できる．
- CB = 生存関数の信頼バンド（同時信頼区間）を表示する．
  2 種類 (EP | HW) の信頼バンドの構成が可能であり，さらに信頼区間と同様に 5 種類 (LINEAR | LOG | LOGLOG | LOGIT | ASINSQRT) の変換関数を指定できるため，計 10 種類の信頼バンドを構成することができる．

   EP EP (equal-precision) 型信頼バンドを表示する．
   HW HW (Hall-Wellner) 型信頼バンドを表示する．
   ALL EP 型と HW 型の 2 種類の信頼バンドを表示する．

  CB = HW がデフォルトの指定である．
  なお，CL および CB をともに指定することができ，このとき信頼バンドに対して信頼区間は点線で表記される．

- FAILURE | F 縦軸に生存関数の代わりに累積分布関数のプロットを出力する．
- NOCENSOR 生存時間プロットとともに出力させる打ち切り記号を省略する．
- STRATA = 多群の生存/死亡時間プロットの出力方法を指定する．

   UNPACK | INDIVIDUAL 群ごとに別々のプロットで出力する．
   OVERLAY 1 つのプロット内に重ね合わせて出力する．
   PANEL 群別にパネルを代えて出力する．

- TEST STRATA 文で指定した検定による p 値を出力する．複数の検定方法を指定した場合，次の優先順で選択される．

LOGRANK, WILCOXON, TARONE, PETO, MODPETO, FLEMING, LR

本項では，生存関数の推定結果を視覚的に示すツールとして，ODS GRAPHICS を用いて修飾を加えたカプラン・マイヤープロットを作成する方法を解説する．

・リスク集合を付加したカプラン・マイヤープロット

生存時間データ以外の連続量データや 2 値データに対する解析結果には，解析例数を示すことが一般的である．生存時間データの場合，ある時点における生存率のノンパラメトリック推定に用いた例数は，リスク集合の大きさに対応する．カプラン・マイヤープロットで生存時間データを要約する場合，プロット上に打ち切り記号が付与されているため，どちらの群にどの程度の打ち切りが発生したかは把握できるが，時点ごとのリスク集合の大きさに関する情報が把握できない．そこで，近年の臨床試験では，カプラン・マイヤープロットの下段にリスク集合の大きさを出力したグラフで報告されることが多くなっている．

ODS GRAPHICS による出力では，カプラン・マイヤープロットの下段にリスク集合の大きさを加えたグラフを出力することができる．プログラム例をプログラム 2.1.2，ODS GRAPHICS による出力結果を出力 2.1.2 に示す．

プログラム 2.1.2　リスク集合を付加したカプラン・マイヤープロットの作成 (1)

```
ods graphics on;
proc lifetest data=Gehan atrisk
            plots=s(atrisk=0 to 40 by 5 test atrisktick);
  time Week*Remiss(0);
  strata Drug;
  format Drug Drugf.;
run;
```

プログラム 2.1.2 では，PROC LIFETEST 文において，"PLOTS = S (ATRISK=0 TO 40 BY 5 TEST ATRISKTICK) と ATRISK, TEST,

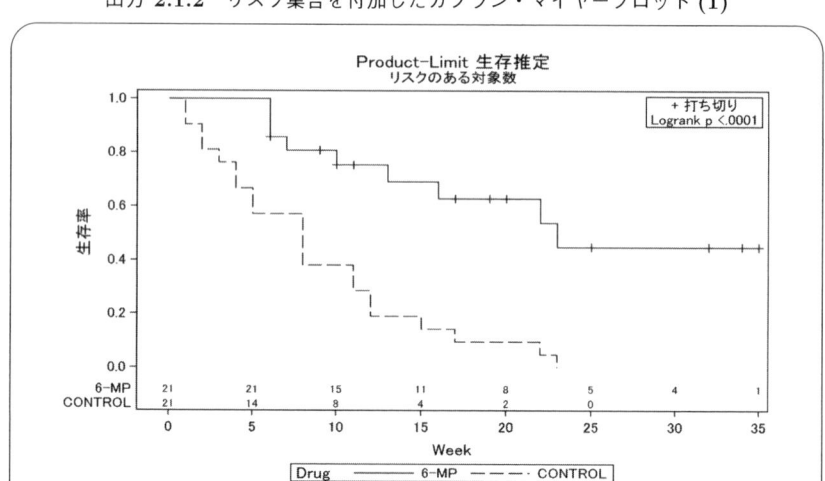

出力 2.1.2　リスク集合を付加したカプラン・マイヤープロット (1)

ATRISKTICK の 3 つのオプションを指定している．PLOTS = S（オプション）において ATRISK を指定すると，リスク集合の大きさが出力され，ATRISK = として時点を指定すると，指定した時点におけるリスク集合の大きさが出力される．プログラム 2.1.2 では，"ATRISK = 0 TO 40 BY 5" と指定し，0 週から 40 週までのリスク集合の大きさを 5 週ごとに出力するよう指定している．また，ATRISKTICK を指定することで，ATRISK = で指定した時点に対して，横軸のラベル値を出力している．さらに，TEST を指定することで，STRATA 文で指定した検定による p 値がグラフの右上に出力されている．プログラム 2.1.2 では，STRATA 文における TEST オプションで検定手法を指定していないため，デフォルトとしてログランク検定の結果（p 値）が出力されている．TEST オプションで複数の検定手法を指定した場合，ログランク検定，一般化ウイルコクソン検定，タローン・ウェア検定，ピトー・ピトー検定，修正ピトー・ピトー検定，ハリントン・フレミング検定，指数分布に基づく尤度比検定の優先順位でいずれか 1 つの検定結果のみ出力される．例えば，STRATA 文で次のように指定すると，一般化ウイルコクソン検定の結果（p 値）がグラフの右上に出力される．

```
strata Drug / test=(lr peto wilcoxon);
```

STRATA 文のオプションについては，2.2.1 項を参照されたい．

プログラム 2.1.2 において，ATRISK を指定したことでリスク集合の大きさが出力できた．この出力は，カプラン・マイヤープロットの出力領域内にリスク集合の大きさを表示させている．カプラン・マイヤープロットの出力領域外にリスク集合の大きさを表示させたい場合，OUTSIDE を指定してプログラム 2.1.3 を実行させればよい．

プログラム **2.1.3**　リスク集合を付加したカプラン・マイヤープロットの作成 **(2)**

```
ods graphics on;
proc lifetest data=Gehan atrisk
            plots=s(atrisk=0 to 40 by 5 test atrisktick outside);
  time Week*Remiss(0);
  strata Drug;
  format Drug Drugf.;
run;
```

出力 **2.1.3**　リスク集合を付加したカプラン・マイヤープロット **(2)**

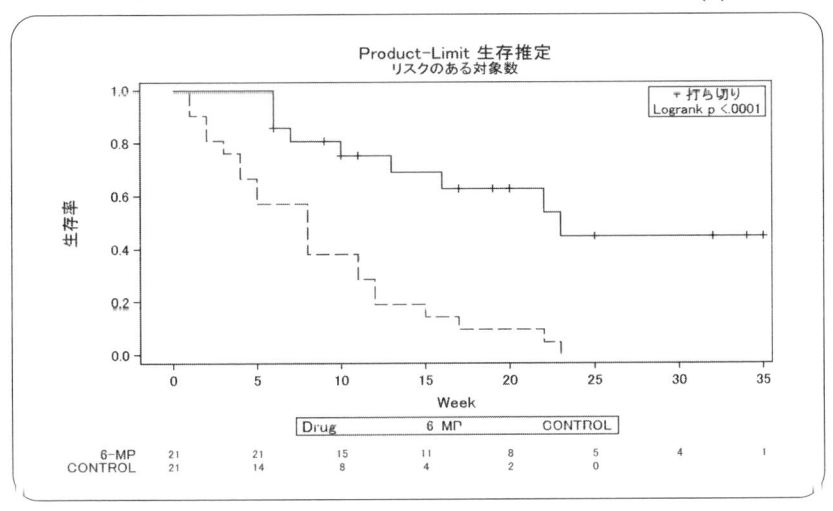

2.1　ノンパラメトリックな生存関数とハザード関数の推定

プログラム 2.1.3 を実行すると出力 2.1.3 が得られる．バージョン 9.3 (SAS/STAT 9.3) までの LIFETEST プロシジャでは，PLOTS = S（オプション）において OUTSIDE を指定できなかったため，カプラン・マイヤープロットの出力領域外にリスク集合の大きさを表示させたい場合は，LIFETEST プロシジャのテンプレートを変更して修飾を加える必要があった（長島・佐藤, 2010）．しかし，バージョン 9.3 (SAS/STAT 12.1 [バージョン 9.3 のメンテナンスリリース]) の LIFETEST プロシジャから追加された OUTSIDE を指定することで，カプラン・マイヤープロットの出力領域外にリスク集合の大きさを表示させることが可能となった．OUTSIDE を指定すると，図表 2.1.1 のように縦軸方向に 2 つの出力先が作成されることを意味する．

図表 2.1.1　OUTSIDE によるカプラン・マイヤープロットとリスク集合の出力

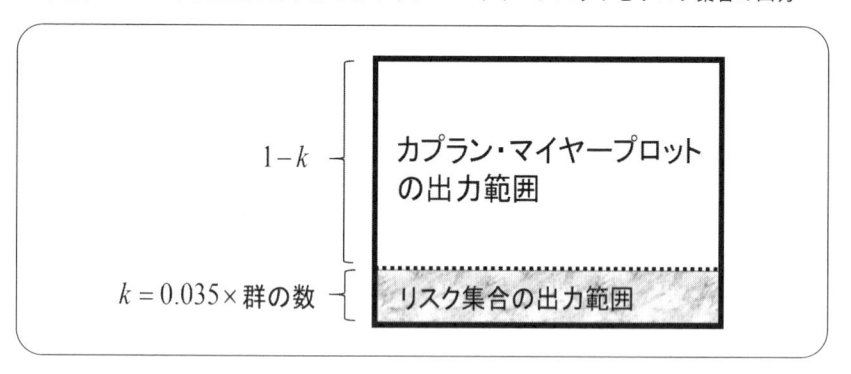

```
              ┌─ カプラン・マイヤープロット
      1−k ─┤   の出力範囲
              └─
              ┌─
 k = 0.035 × 群の数 ┤   リスク集合の出力範囲
              └─
```

プログラム 2.1.2 やプログラム 2.1.3 を実行すると出力 2.1.4 や出力 2.1.5 が得られ，イベント（この場合は白血病の再発）あるいは打ち切り（*印）があった週の生存関数の推定結果が出力される．出力 2.1.4 における上付き文字は出力を説明するために付け加えたものであり，SAS で出力されるわけではない．(PLOTS = S（オプション）における ATRISK = とは別に) PROC LIFETEST 文において ATRISK を指定すると，リスクのある対象者数[1] と観測事象数[2] のカラムも出力される．リスクのある対象者数[1] はリスク集合の大きさを示し，観測事象数[2] はイベント数を示している．例えば，観測事象数[2] のカラムより，イベントは第 6 週で 3 件，7 週で 1 件，10 週で 1 件

起きたことがわかる．生存数[3]は，まだイベントあるいは打ち切りの情報を記述していない残りの例数を示している．生存数[3]のカラムはリスク集合の大きさではないことに注意されたい．例えば，第10週でイベントが1件と打ち切りが1件起きており，出力 2.1.4 におけるリスク集合として，リスクのある対象者数[1] である 15 が出力される．これはイベントが起きる直前の例数である．その一方，第10週における生存数[3] には 14, 13 が出力されており，これはイベントあるいは打ち切りの情報が記述された後の残りの例数であることがわかる．

出力 2.1.4　6-MP 群の生存関数の推定結果

Week	リスクのある対象者数[1]	観測事象数[2]	積極限法による生存推定 生存率	死亡率	生存率の標準誤差	死亡数	生存数[3]
0		21	0	1.0000	0	0	0	21
6		.	.	.	.	.	1	20
6		.	.	.	.	.	2	19
6		21	3	0.8571	0.1429	0.0764	3	18
6	*	.	0	.	.	.	3	17
7		17	1	0.8067	0.1933	0.0869	4	16
9	*	16	0	.	.	.	4	15
10		15	1	0.7529	0.2471	0.0963	5	14
10	*	.	0	.	.	.	5	13
11	*	13	0	.	.	.	5	12
13		12	1	0.6902	0.3098	0.1068	6	11
16		11	1	0.6275	0.3725	0.1141	7	10
17	*	10	0	.	.	.	7	9
19	*	9	0	.	.	.	7	8
20	*	8	0	.	.	.	7	7
22		7	1	0.5378	0.4622	0.1282	8	6
23		6	1	0.4482	0.5518	0.1346	9	5
25	*	5	0	.	.	.	9	4
32	*	.	0	.	.	.	9	3
32	*	4	0	.	.	.	9	2
34	*	2	0	.	.	.	9	1
35	*	1	0	0.4482	.	.	9	0

Note: マークが付いた生存時間は打ち切りデータです．

出力 2.1.5 では，対照群のイベントに関する情報が，出力 2.1.4 と同様に出力されている．たまたま打ち切りが存在しないデータであるため，生存率[4] はその時点までイベントが起きていない生存数[5] を全個体数 ($n = 21$) で割ったものに等しくなっている．全個体にイベントが起きた 23 週目に生存率[4] は 0 になる．生存率[4] は疫学の rate ではなく proportion であるので，「生

出力 2.1.5 対照群の生存関数の推定結果

Week	リスクのある対象者数	観測事象数	積極限法による生存推定 生存率[4]	死亡率	生存率の標準誤差	死亡数	生存数[5]
0	21	0	1.0000	0	0	0	21
1	.	.	.	.	.	1	20
1	21	2	0.9048	0.0952	0.0641	2	19
2	.	.	.	.	.	3	18
2	19	2	0.8095	0.1905	0.0857	4	17
3	17	1	0.7619	0.2381	0.0929	5	16
4	.	.	.	.	.	6	15
4	16	2	0.6667	0.3333	0.1029	7	14
5	.	.	.	.	.	8	13
5	14	2	0.5714	0.4286	0.108	9	12
8	.	.	.	.	.	10	11
8	.	.	.	.	.	11	10
8	.	.	.	.	.	12	9
8	12	4	0.3810	0.6190	0.106	13	8
11	.	.	.	.	.	14	7
11	8	2	0.2857	0.7143	0.0986	15	6
12	.	.	.	.	.	16	5
12	6	2	0.1905	0.8095	0.0857	17	4
15	4	1	0.1429	0.8571	0.0764	18	3
17	3	1	0.0952	0.9048	0.0641	19	2
22	2	1	0.0476	0.9524	0.0465	20	1
23	1	1	0	1.0000	.	21	0

存割合」と示した方が割合であることが明確であるが（佐藤, 1995, 2005），本書では LIFETEST プロシジャの出力にあわせて「生存率」と表記する．

・**SGPLOT** プロシジャによるカプラン・マイヤープロット

　ここまで，論文発表などで求められる修飾を加えたグラフ出力を得るには，PROC LIFETEST 文において PLOTS = S（オプション）を指定した上で，ODS GRAPHICS による出力を行えば，リスク集合を付加するような修飾を加えた，きれいなカプラン・マイヤープロットを作成できることを述べてきた．しかし，PLOTS = S（オプション）で可能な範囲を超えてプロットに修飾を加える場合，生存関数の推定値を一度データセットに落として，グラフ関連のプロシジャで出力し直す必要がある．

　バージョン 9.2 からは SG (Statistical Graphics) プロシジャとして，SGPLOT プロシジャ，SGPANEL プロシジャ，SGSCATTER プロシジャ，SGRENDER プロシジャが追加され，より見栄えのよい生存関数のグラフを

作成できるようになった．

SG (Statistical Graphics) プロシジャ

- SGPLOT　複数の（2次元）プロットを重ねて描く．
- SGPANEL　指定した分類変数の水準に基づき，パネルを代えて複数のプロットを表示する．
- SGSCATTER　複数の散布図を並べて描く．
- SGRENDER　GTL (Graph Template Language) で作成（TEMPLATE プロシジャ）したプロットのテンプレートを参照して，より詳細な設定を行ったプロットを出力する．

　カプラン・マイヤープロットの作成において，LIFETEST プロシジャではラスター形式のグラフ出力がされ，ベクター形式の出力ができない．その一方，SGPLOT プロシジャではベクター形式の出力も可能である（平井ら，2015）．

　SGRENDER プロシジャを用いれば，TEMPLATE プロシジャで事前に定義したテンプレートを活用して，より手の込んだカプラン・マイヤープロットを作成することが可能である（魚住・浜田，2011）．LIFETEST プロシジャによって作成される ODS GRAPHICS によるグラフの出力は GTL が基盤となっており，LIFETEST プロシジャを実行した場合，GTL によって記述されている既存のテンプレートを参照してからグラフが描かれる．LIFETEST プロシジャでカプラン・マイヤープロットが作成されるときに参照されるテンプレートを出力させたい場合は，以下のプログラムを実行させればログ画面に表示される（長島・佐藤，2010）．

```
proc template;
  source Stat.Lifetest.Graphics.ProductLimitSurvival;
run;
```

LIFETEST プロシジャから得られたデータセットを用いて，SGPLOT プロシジャでひげ付きのカプラン・マイヤープロットを作成するプログラム例をプログラム 2.1.4，出力結果を出力 2.1.6 に示す．

プログラム **2.1.4** **SGPLOT** プロシジャによるカプラン・マイヤープロットの作成 (1)

```
ods listing close;
ods output ProductLimitEstimates=KM;
proc lifetest data=Gehan;
  time Week*Remiss(0);
  strata Drug;
run;
ods listing;

/* ODS OUTPUT から得られたデータセットのデータハンドリング */
data KM; set KM;
  retain Survival_t Censored_t;
  by Drug;
  if Survival ^= . then Survival_t = Survival;
  else Survival = Survival_t;
  if Censor ^= 1 then Censored_t = Survival;
  else Censored = Censored_t;
  drop Survival_t Censored_t;
run;
proc sgplot data=KM;
  step x=Week y=Survival / group=Drug;
  scatter x=Week y=Censored / group=Drug markerattrs=(symbol=plus);
  yaxis values=(0 to 1 by 0.1) label= '生存率';
  xaxis values=(0 to 40 by 5);
  title1 'カプラン・マイヤープロット';
  format Drug Drugf.;
run;
```

プログラム 2.1.4 において，ODS OUTPUT 文で ProductLimitEstimates = KM を指定することで，ODS によって出力される表のうち，カプラン・マイヤー法による生存関数の推定結果（出力 2.1.4, 2.1.5）を KM というデータセット名で格納できる．LIFETEST プロシジャの実行結果として，カプラン・マイヤー法による生存関数の推定結果として ProductLimitEstimates のみ出力したい場合は，LIFETEST プロシジャの実行前に次の記載をする．

```
ods select ProductLimitEstimates;
```

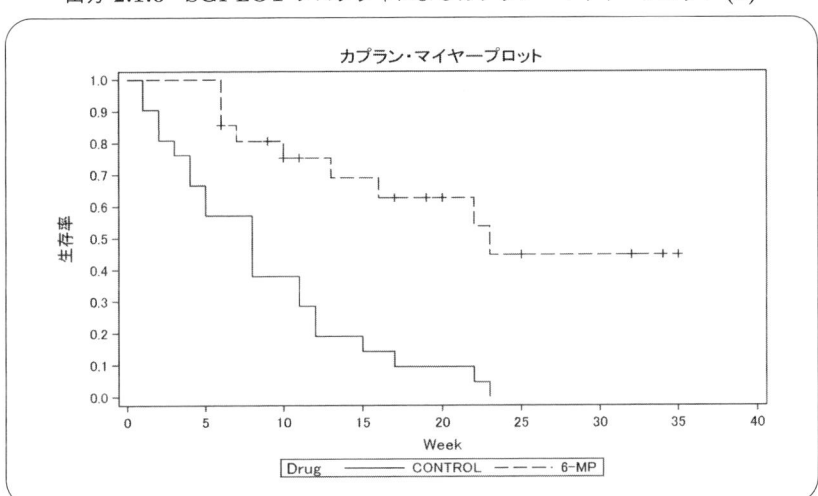

出力 2.1.6　SGPLOT プロシジャによるカプラン・マイヤープロット (1)

ODS で出力される表の名前（カプラン・マイヤー法による生存関数の推定結果の場合は "ProductLimitEstimates"）を調べるには，プロシジャの実行前に ODS TRACE ON を記載することで，ログ画面に ODS で出力される図表の情報が出力される．プロシジャの実行後に ODS TRACE OFF を記載することで，ログ画面に ODS で出力される図表の情報は元通り省略される．

```
ods trace on;
proc lifetest ··· ;
    ⋮
run;
ods trace off;
```

また，プロシジャの実行前に ODS LISTING CLOSE を記載することで，アウトプット画面へのプロシジャの実行結果すべての出力を省略できる．

ロシジャの実行後に ODS LISTING を記載することで，元通りアウトプット画面へプロシジャの実行結果を出力できるようにしている．

```
ods listing close;
proc lifetest ⋯ ;
    ⋮
run;
ods listing;
```

出力 2.1.6 は，データセット KM を元に DATA ステップで加工した上で，SGPLOT プロシジャによりプロットを作成している．SGPLOT プロシジャでは，複数のプロットを重ね合わせることが可能である．出力 2.1.6 は，階段状のプロット（STEP 文）と打ち切りを表す記号 "+" の散布図（SCATTER 文）を重ね合わせることによって作成している．STEP 文と SCATTER 文では，X = Week, Y = Survival を指定することで横軸 (X =) と縦軸 (Y =) の変数名を指定している．GROUP = Drug を指定することで投与群別に描いている．SCATTER 文において MARKERATTRS = を指定することで，散布図を PLUS "+" 記号 (SYMBOL = PLUS) で出力している．それぞれの軸の詳細な設定は，XAXIS 文（横軸）と YAXIS 文（縦軸）で指定する．大橋・浜田 (1995) により紹介されている GPLOT プロシジャでひげ付きのカプラン・マイヤープロットを作成するよりもデータハンドリングの手間が少なくすむ．

また，プログラム 2.1.4 では ODS GRAPHICS OFF の状態で実行できるので，実行時間も少なくすむ．ODS GRAPHICS ON の状態で実行すれば，実行時間は長くなるが，ODS GRAPHICS によるグラフ出力のために生成されるデータセットを格納することが可能である．プログラム 2.1.5 では，ODS OUTPUT 文で ODS GRAPHICS によるカプラン・マイヤープロット作成のためのデータセット Survivalplot を利用している．ODS GRAPHICS によって生成されるデータセットを用いれば，プログラム 2.1.4 で示したようなデータハンドリングを行わずに，SGPLOT プロシジャで出力 2.1.7 のような

カプラン・マイヤープロットを作成できる．ただし，Survivalplot = でデータセットを格納した場合，ProductLimitEstimates = で格納する場合とは変数名が異なるので注意されたい．Survivalplot = でデータセットを格納すると，生存時間を表す変数は Time，フォーマットにより表示される文字を含んだ群を表す変数は Stratum となる．

出力 2.1.7 では，プログラム 2.1.5 で KEYLEGEND 文を用いることで，カプラン・マイヤープロットの凡例を右上に出力している．STEP 文による階段状のプロットの凡例であるので，STEP 文で指定した NAME = '名称' を KEYLEGEND 文で指定する．なお，出力 2.1.7 と出力 2.1.6 において，実線と破線が示す群が逆となっているのは，LIFETEST プロシジャ内でフォーマットを使用しているかどうかの違いによるものである．

プログラム 2.1.5　SGPLOT プロシジャによるカプラン・マイヤープロットの作成 (2)

```
ods listing close;
ods graphics on;
ods output Survivalplot=Survivalplot;
proc lifetest data=Gehan;
  time Week*Remiss(0);
  strata Drug;
  format Drug Drugf.;
run;
ods listing;
proc sgplot data=Survivalplot noautolegend;
  step x=Time y=Survival / group=Stratum name='Survival';
  scatter x=Time y=Censored / group=Stratum markerattrs=(symbol=plus);
  yaxis values=(0 to 1 by 0.1) label=' 生存率';
  xaxis values=(0 to 40 by 5);
  title1 ' カプラン・マイヤープロット';
  keylegend 'Survival' / location=inside position=topright noborder;
run;
```

出力 2.1.3 で示したように，SGPLOT プロシジャでリスク集合の大きさをグラフの下段に追加したカプラン・マイヤープロットを作成することも可能である．このようなグラフを作成するためには，バージョン 9.3 までの SGPLOT プロシジャでは，SG (Statistical Graphics) Annotation を利用しなければ

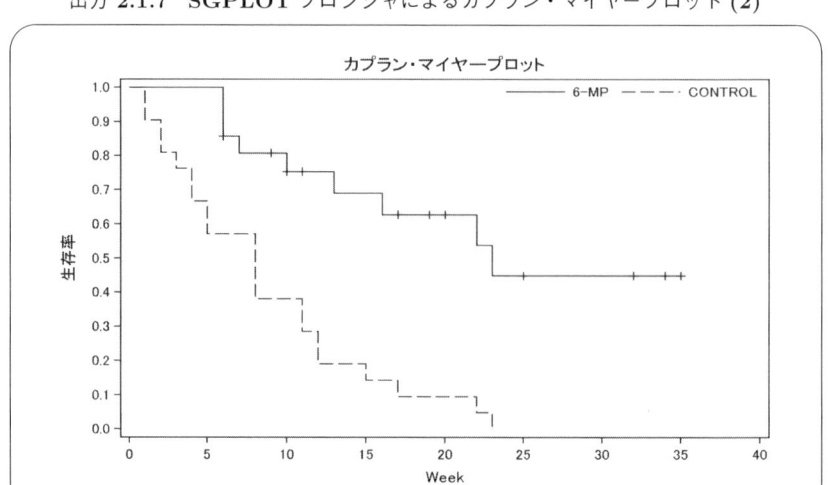

出力 2.1.7 SGPLOT プロシジャによるカプラン・マイヤープロット (2)

[カプラン・マイヤープロット図：縦軸「生存率」0.0～1.0、横軸「Week」0～40、凡例「6-MP」「CONTROL」]

ならなかった（SG Annotation については，魚住・浜田 (2012) を参照されたい）．あるいは，TEMPLATE プロシジャで作成したテンプレートを用いて SGRENDER プロシジャで作成する必要があった（魚住・浜田, 2011）．しかし，バージョン 9.4 からの SGPLOT プロシジャなどの統計グラフに関連したプロシジャでは，XAXISTABLE 文と YAXISTABLE 文が追加され，カプラン・マイヤープロットの出力領域外にリスク集合の大きさを表示させることが容易にできるようになった（魚住ら，2016）．

プログラム 2.1.6 では，LIFETEST プロシジャの PLOTS = で出力される ODS GRAPHICS によるプロットを作成するためのデータセット Survivalplot を格納して，SGPLOT プロシジャで XAXISTABLE 文を用いて，変数 AtRisk の値をリスク集合として出力している．結果，出力 2.1.8 のようにカプラン・マイヤープロットの出力領域外にリスク集合の大きさを表示できる．XAXISTABLE 文のオプションとして，X = で変数 AtRisk の値を出力する横軸の値をもつ変数 tAtRisk を指定し，CLASS = で群に該当する変数 Stratum を指定している．この場合，共通の横軸を用いて，カプラン・マイヤープロットの出力とリスク集合の大きさの出力を行っているた

プログラム 2.1.6　SGPLOT プロシジャによるカプラン・マイヤープロットの作成 (3)

```
ods listing close;
ods graphics on;
ods output Survivalplot=Survivalplot;
proc lifetest data=Gehan plots=s(atrisk=0 to 40 by 5);
  time Week*Remiss(0);
  strata Drug;
  format Drug Drugf.;
run;
ods listing;
proc sgplot data=Survivalplot noautolegend;
  step x=Time y=Survival / group=Stratum name='Survival';
  scatter x=Time y=Censored / group=Stratum markerattrs=(symbol=plus);
  xaxistable AtRisk / x=tAtRisk class=Stratum;
  yaxis values=(0 to 1 by 0.1) label='生存率';
  xaxis values=(0 to 40 by 5);
  title1 'カプラン・マイヤープロット'; title2 '(リスク集合の大きさ)';
  keylegend 'Survival' / location=inside position=topright noborder;
run;
```

出力 2.1.8　SGPLOT プロシジャによるカプラン・マイヤープロット (3)

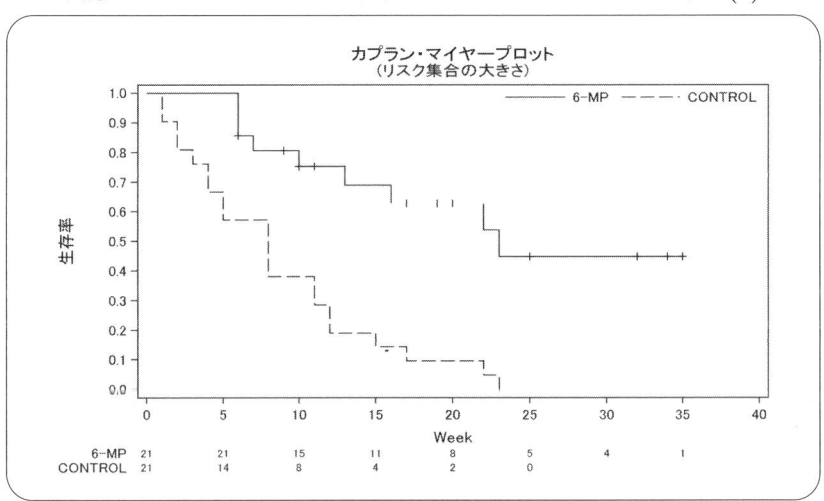

め，XAXISTABLE 文を指定することになる．共通の縦軸を用いる場合は YAXISTABLE 文を活用することになる．

2.1　ノンパラメトリックな生存関数とハザード関数の推定　　*41*

2.1.3 生存関数の信頼区間

生存関数については，カプラン・マイヤー法などのノンパラメトリック法によって推定することができるが，データがある母集団から抽出された標本だと考えられる場合には，得られた推定値がどれくらいの精度をもっているかを知りたいことがある．(2.1.1) 式では，カプラン・マイヤー推定量は次の式で表された．

$$\hat{S} = \prod_i \left(1 - \frac{d_i}{n_i}\right)$$

カプラン・マイヤー推定量の標準誤差は，グリーンウッド (Greenwood) の公式によって求めることができ，(2.1.2) 式の分散

$$V[\hat{S}] \approx \hat{S}^2 \times \sum_i \frac{d_i}{n_i \cdot (n_i - d_i)} \qquad (2.1.2)$$

の平方根をとればよい（大橋・浜田 (1995) 付録 C 参照）．(2.1.2) 式の平方根を用いて，$\hat{S}$ の両側信頼区間 (two-sided confidence interval) は以下のように正規近似で構成できる．

$$\hat{S} \pm z_{\alpha/2} \sqrt{V[\hat{S}]} \qquad (2.1.3)$$

ただし，$z_{\alpha/2}$ は標準正規分布の上側 $(\alpha/2)$ ％点を表し，$\alpha = 0.05$ の場合は $z_{\alpha/2} \fallingdotseq 1.96$ となる．

以前の LIFETEST プロシジャでは，生存率の信頼区間は (2.1.3) 式に基づく構成法がデフォルトとして採用されていた．しかし，この方法で構成される信頼区間の上限・下限は範囲 [0, 1] をはみだしてしまうことがある．加えて，被覆確率が名目水準を満たさないため推奨できない．このため，バージョン 9.1 以降の LIFETEST プロシジャのデフォルトでは，$\hat{S}$ に 2 重対数変換が適用されて構成される．

グリーンウッドの公式から得られる (2.1.2) 式の分散を用いると，2 重対数変換後の生存率の分散は

$$V[\log[-\log \hat{S}]] \approx \frac{1}{[\log \hat{S}]^2} \times \sum_i \frac{d_i}{n_i \cdot (n_i - d_i)} \approx \frac{V[\hat{S}]}{[\hat{S}\log \hat{S}]^2} \quad (2.1.4)$$

となり，2 重対数変換に基づき求める両側信頼区間は次の式で求まる．

$$\exp\left(-\exp\left(\log(-\log \hat{S}) \mp z_{\alpha/2} \sqrt{\frac{V[\hat{S}]}{(\hat{S}\log \hat{S})^2}}\right)\right) \quad (2.1.5)$$

他にも，LIFETEST プロシジャでは図表 2.1.2 に示す 5 種類の変換関数を指定した上で，信頼区間を構成できる．

図表 2.1.2　LIFETEST プロシジャで指定できる 5 種類の変換

変換方法	CONFTYPE =	変換関数
変換なし	LINEAR	$g(x) = x$
対数変換	LOG	$g(x) = \log(x)$
2 重対数変換	LOGLOG	$g(x) = \log(-\log(x))$
逆正弦変換	ASINSQRT	$g(x) = \sin^{-1}(x)$
ロジット変換	LOGIT	$g(x) = \log \frac{x}{1-x}$

図表 2.1.2 の指定も含めた，PROC LIFETEST 文における生存関数の信頼区間に関するオプションは以下の通りである．

生存関数の信頼区間に関する指定

- ALPHA =　区間推定の両側有意水準を指定する．デフォルト値は 0.05 である．

- OUTSURV | OUTS = データセット名　生存関数の推定値 $\hat{S}$ および信頼限界を出力するデータセット名を指定する．

- CONFTYPE =　信頼限界を得るときの生存関数の推定値 $\hat{S}$ に適用する変数変換方法を指定する．次の 5 種類の変換関数を指定することができる．

　　LINEAR　変換なし

　　LOG　対数変換

　　LOGLOG　2 重対数変換

ASINSQRT　逆正弦変換

LOGIT　ロジット変換

なお，バージョン 9.1 以降では信頼限界の算出方法のデフォルトが LOGLOG となっており，それ以前のデフォルト LINEAR とは異なるため注意が必要である．また，本オプションは，2.1.4 項の信頼バンドの構成方法のオプションとしても用いることができるため，信頼区間と表記せずに信頼限界と示している．

　生存関数 $\hat{S}$ の信頼区間の構成方法を考えた場合，5 種類の変数変換のどの関数を指定するのがよいだろうか．変換なし (CONFTYPE = LINEAR) だと上下対称であるが，その他の方法では上下非対称となり，5 種類の結果は微妙に異なる．信頼区間として望ましいのは被覆確率が名目水準に近いことである．変換なし (CONFTYPE = LINEAR) は，信頼区間の上限・下限が範囲 [0, 1] をはみだしてしまう場合がある．加えて，被覆確率が名目水準を満たさないため推奨できない．逆正弦変換は被覆確率が名目水準に近いが保守的でなく，対数変換は被覆確率が安定していない．その一方，2 重対数変換およびロジット変換は被覆確率が名目水準に近く，保守的な信頼区間を構成している．この 2 つの信頼区間は，サンプル・サイズが少ない場合においても良い性能をもつ．以上のことから，2 重対数変換 (CONFTYPE = LOGLOG) あるいはロジット変換 (CONFTYPE = LOGIT) による信頼区間が推奨されている（佐藤・浜田，2011）．

　LIFETEST プロシジャは，カプラン・マイヤー法による生存関数の推定値とグリーンウッドの公式によって求めた標準誤差の双方を出力する．PROC LIFETEST 文の CONFTYPE = で指定した方法により構成された信頼区間の上限・下限が格納されたデータセットは，PROC LIFETEST 文の OUTS = オプション（OUTSURV = オプション）を用いて出力できる．プログラム 2.1.7 のように OUTS = OutS と指定すると，OutS というデータセットに生存関数の推定値およびその信頼区間の上限・下限が格納される．

　出力 2.1.9 は，OutS というデータセットの内容を，PRINT プロシジャによって出力したものである．STRATA 文で Drug を指定したため，結果は

プログラム 2.1.7 生存関数の推定値および信頼区間の上限・下限のデータセット生成

```
ods listing close;
proc lifetest data=Gehan outs=OutS;
  time Week*Remiss(0); strata Drug;
run;
ods listing;
proc sort data=OutS out=OutS;
  by Drug;
run;
proc print data=OutS;
  by Drug;
  format Drug Drugf.;
run;
```

Drug の水準ごとに出力される．右端の STRATUM 変数は，CONTROL であれば 1, 6-MP であれば 2 となっている．データセット OutS には，群ごとに打ち切り (_CENSOR_) と生存関数の推定値 (SURVIVAL) に関する情報が含まれている．そして，生存関数の推定値の 95%信頼区間の上限・下限は SDF_UCL と SDF_LCL という変数で格納される．信頼区間の上限・下限は，デフォルトである 2 重対数変換後に正規近似をして構成されている．また，デフォルトでは，95%信頼区間の上限・下限が出力されるが，信頼水準を変更したければ PROC LIFETEST 文の ALPHA = オプションで有意水準を指定すればよい．例えば，両側 90%信頼区間を得たければ ALPHA = 0.1 と指定する．

なお，バージョン 9.1 以降にデフォルトの変換方法が LOGLOG に変わったため，CONFTYPE オプションを指定せずに実行すると，次のような NOTE がログ画面に出力される．

NOTE:
The LOGLOG transform is used to compute the confidence limits for the quartiles of the survivor distribution. To suppress using this transform, specify CONFTYPE = LINEAR in the PROC LIFETEST statement.

出力 2.1.9　データセット OutS の出力

Drug=CONTROL

OBS	Week	_CENSOR_	SURVIVAL	SDF_LCL	SDF_UCL	STRATUM
1	0	.	1.00000	1.00000	1.00000	1
2	1	0	0.90476	0.67005	0.97529	1
3	2	0	0.80952	0.56891	0.92389	1
4	3	0	0.76190	0.51939	0.89326	1
5	4	0	0.66667	0.42535	0.82504	1
6	5	0	0.57143	0.33798	0.74924	1
7	8	0	0.38095	0.18307	0.57779	1
8	11	0	0.28571	0.11656	0.48182	1
9	12	0	0.19048	0.05948	0.37743	1
10	15	0	0.14286	0.03566	0.32116	1
11	17	0	0.09524	0.01626	0.26125	1
12	22	0	0.04762	0.00332	0.19704	1
13	23	0	0.00000	.	.	1

Drug=6-MP

OBS	Week	_CENSOR_	SURVIVAL	SDF_LCL	SDF_UCL	STRATUM
14	0	.	1.00000	1.00000	1.00000	2
15	6	0	0.85714	0.61972	0.95155	2
16	6	1	0.85714	.	.	2
17	7	0	0.80672	0.56315	0.92281	2
18	9	1	0.80672	.	.	2
19	10	0	0.75294	0.50320	0.88936	2
20	10	1	0.75294	.	.	2
21	11	1	0.75294	.	.	2
22	13	0	0.69020	0.43161	0.84907	2
23	16	0	0.62745	0.36751	0.80491	2
24	17	1	0.62745	.	.	2
25	19	1	0.62745	.	.	2
26	20	1	0.62745	.	.	2
27	22	0	0.53782	0.26778	0.74679	2
28	23	0	0.44818	0.18805	0.68014	2
29	25	1	.	.	.	2
30	32	1	.	.	.	2
31	32	1	.	.	.	2
32	34	1	.	.	.	2
33	35	1	.	.	.	2

　信頼区間の構成方法を変更したい場合，PROC LIFETEST 文のオプションとして CONFTYPE = LOGLOG と指定すれば，上記の NOTE はログ画面に出力されずにデフォルトの2重対数変換に基づいた結果が出力される．

・信頼区間を付加したカプラン・マイヤープロット

現在の LIFETEST プロシジャでは，カプラン・マイヤープロットに信頼区間を付加したプロットを作成することも可能である．信頼区間を付加したカプラン・マイヤープロットを作成するためのプログラム例（プログラム 2.1.8）と出力結果（出力 2.1.10）を示す．

プログラム 2.1.8 信頼区間を付加したカプラン・マイヤープロットの作成

```
ods graphics on;
proc lifetest data=Gehan
         plots=s(atrisk=0 to 40 by 5 test atrisktick cl);
  time Week*Remiss(0);
  strata Drug;
  format Drug Drugf.;
run;
```

出力 2.1.10 信頼区間を付加したカプラン・マイヤープロット

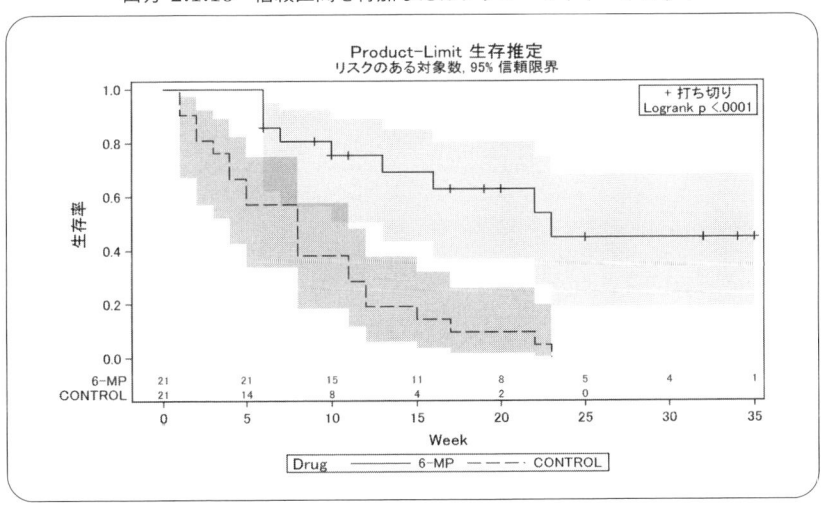

プログラム 2.1.8 で CL オプションを指定したため，生存関数の推定値 $\hat{S}$ とともに $\hat{S}$ の 95%信頼区間も出力 2.1.10 に描かれている．PROC LIFETEST 文の CONFTYPE オプションを指定していないので，デフォルトである 2 重対数変換法により構成された信頼区間が出力されている．

出力 2.1.10 は 2 群比較の結果であるため，信頼区間を付加したカプラン・マイヤープロットを作成すると，各群の信頼区間がどちらであるか区別しにくくなってしまう．そこで，プログラム 2.1.9 に示すように，STRATA = PANEL オプションを指定することで，STRATA 文で指定した群別にパネルを代えて出力させることができる．

LIFETEST プロシジャから得られる生存関数の推定値 $\hat{S}$ と信頼上限・下限をデータセットに落として，グラフ関連のプロシジャで出力し直すことも可能である．出力 2.1.11 のような群別にパネルを用いた出力を行うためには，SGPLOT プロシジャの代わりに SGPANEL プロシジャを用いる．SGPANEL プロシジャで信頼区間を付加した群別のカプラン・マイヤープ

プログラム 2.1.9 信頼区間を付加した群別のカプラン・マイヤープロットの作成

```
ods graphics on;
proc lifetest data=Gehan
    plots=s(atrisk=0 to 40 by 5 test atrisktick cl strata=panel);
  time Week*Remiss(0);
  strata Drug;
  format Drug Drugf.;
run;
```

出力 2.1.11 信頼区間を付加した群別のカプラン・マイヤープロット

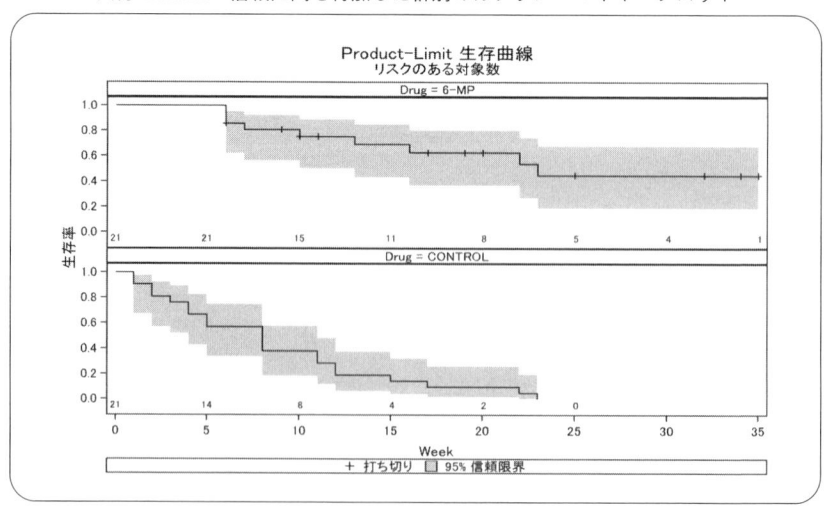

プログラム 2.1.10　SGPANEL プロシジャによるカプラン・マイヤープロットの作成

```
ods listing close;
ods graphics on;
ods output Survivalplot=Survivalplot;
proc lifetest data=Gehan plots=s(cl);
  time Week*Remiss(0);
  strata Drug;
  format Drug Drugf.;
run;
ods listing;
proc sgpanel data=Survivalplot noautolegend;
  panelby Stratum / novarname layout=panel rows=2;
  step x=Time y=Survival;
  scatter x=Time y=Censored / markerattrs=(symbol=plus);
  step x=Time y=SDF_LCL / lineattrs=(pattern=3);
  step x=Time y=SDF_UCL / lineattrs=(pattern=3);
  refline 0.5 / axis=y lineattrs=(pattern=35);
  rowaxis values=(0 to 1 by 0.1) label='生存率';
  colaxis values=(0 to 40 by 5);
  title1 'カプラン・マイヤープロット';
run;
```

ロットを作成するプログラム例をプログラム 2.1.10, 出力結果を出力 2.1.12 に示す.

　プログラム 2.1.10 の SGPANEL プロシジャでは, PANELBY 文により パネルで分けたい変数を指定する. NOVARNAME オプションを指定して, パネルの名前として変数名 (Drug _) を出力せずにフォーマット名 (6-MP, CONTROL) のみ出力するようにしている. ROWS = 2 と指定して, 縦方向にパネル分けしている. 信頼上限・下限として出力する STEP 文による階段状のプロットは, 実線で出力しないよう LINEATTRS = オプションで線のパターンを指定している. REFLINE 文で "REFLINE 0.5 / AXIS=Y" と指定することで, 縦軸の生存率 = 50%の参照線を引いている. 参照線の線のパターンとして, LINEATTRS = オプションで信頼上限・下限と異なるタイプを指定している. SGPLOT プロシジャで縦軸と横軸に対応する YAXIS 文と XAXIS 文は, SGPANEL プロシジャでパネルの行列に対応するため, ROWAXIS 文と COLAXIS 文で指定する. 出力 2.1.12 は群別にパネルを分

出力 2.1.12 SGPANEL プロシジャによるカプラン・マイヤープロット

けて出力しているが，SGPANEL プロシジャでは共通の軸でプロットが描かれる．

信頼区間を付加したカプラン・マイヤープロットから，生存時間のパーセント点とその信頼区間が算出される．これはブルックマイヤー・クローリー (Brookmeyer-Crowley) 法と呼ばれる (Brookmeyer and Crowley, 1982). メディアン生存時間 (median survival time) の場合，縦軸の生存率 = 50% と生存時間曲線が交わる横軸の時点である．出力 2.1.12 では，6-MP 群で 23 週，対照群で 8 週となる．メディアン生存時間の 95%信頼区間はどのように求まるであろうか．出力 2.1.12 の対照群のパネルにおける生存関数の 95%信頼上限・下限のプロットより，メディアン生存時間の 95%信頼区間は (4, 11) 週であることがわかる．一方，6-MP 群のパネルでは，生存関数の 95%信頼下限のプロットよりメディアン生存時間の 95%信頼下限は 13 週であることがわかるが，生存関数の 95%信頼上限のプロットは縦軸の生存率 = 50% を下回っていないため，メディアン生存時間の 95%信頼下限は推定不能である．生存時間データによっては LIFETEST プロシジャでパーセント点やその信頼区間が推定不能となることがあるが，信頼区間を付加したカプラン・マイヤープロットを示すことで，推定不能となる理由がわかる．なお，6-MP 群の

メディアン生存時間の報告方法として，論文などでは例えば「23 (13, NE)」と表記すればよいだろう．NE は Not Estimable「推定不能」を表す．

2.1.4 生存関数の信頼バンド

2.1.3 項では，生存関数の推定値 $\hat{S}$ の信頼区間が構成でき，信頼区間を付加したカプラン・マイヤープロットも出力できることを示した．信頼区間は，時点ごとに真の生存率を被覆する確率を保証している．これに対して，時点全体で真の生存率を被覆する確率を保証する範囲を信頼バンド (confidence band) と呼ぶ．時点全体における生存関数の同時区間推定を行っているため，同時信頼バンド (simultaneous confidence band) や同時信頼区間 (simultaneous confidence interval) と呼ばれることもある．

LIFETEST プロシジャにおける生存関数の信頼バンドに関する指定は以下の通りである．

生存関数の信頼バンドに関する指定

- ALPHA ＝ 信頼バンド推定の両側有意水準を指定する．デフォルト値は 0.05 である．
- OUTSURV | OUTS ＝データセット名 生存関数の推定値 $\hat{S}$ および信頼限界を出力するデータセット名を指定する．
- CONFBAND ＝ OUTS ＝ で出力させるデータセットにおける信頼バンドの種類を指定する．

    EP　equal-precision 型

    HW　Hall-Wellner 型

- CONFTYPE ＝ 信頼バンドの構成のときの生存関数の推定値 $\hat{S}$ に適用する変数変換方法を指定する．信頼区間同様，以下の 5 種類の変換関数を指定することができる．

    LINEAR　変換なし

    LOG　対数変換

LOGLOG　2重対数変換

ASINSQRT　逆正弦変換

LOGIT　ロジット変換

・BANDMAXTIME | BANDMAX ＝　信頼バンドを指定したときの最大生存時間を指定する．

・BANDMINTIME | BANDMIN ＝　信頼バンドを指定したときの最小生存時間を指定する．

信頼バンドを構成するための手順を以下に示す．

1) 以下の条件を満たすように，時点の上限 t_U，下限 t_L を決める．

　HW 型信頼バンドの場合：　$t_L = 0$ として，t_U は最大イベント発生時間以下になるように決める．

　EP 型信頼バンドの場合：　t_L は最小イベント発生時間以上，t_U は最大イベント発生時間以下になるように決める．

2) 信頼バンドの係数 a_U, a_L を計算する．

$$a_U = \frac{nV[\hat{S}(t_U)]}{1 + nV[\hat{S}(t_U)]}$$

$$a_L = \frac{nV[\hat{S}(t_L)]}{1 + nV[\hat{S}(t_L)]}$$

3) 係数 a_U, a_L から，係数 $h_\alpha(a_L, a_U)$ あるいは $e_\alpha(a_L, a_U)$ を計算する．ただし，$h_\alpha(a_L, a_U), e_\alpha(a_L, a_U)$ は棄却限界値に対応する値であり，信頼区間でいう z_α に該当する．$h_\alpha(a_L, a_U)$ は HW 型信頼バンド，$e_\alpha(a_L, a_U)$ は EP 型信頼バンドの棄却限界値に対応する．$h_\alpha(a_L, a_U), e_\alpha(a_L, a_U)$ の計算については，Hall and Wellner (1980)，Nair (1984)，あるいは SAS/STAT LIFETEST プロシジャのマニュアルを参照されたい．

4) 信頼バンドの上限・下限を以下の式で求めることができる．

・HW 型信頼バンド

$$\hat{S} \pm h_\alpha(a_L, a_U) \frac{1 + nV[\hat{S}]}{\sqrt{n}} \hat{S} \qquad (2.1.6)$$

・EP 型信頼バンド

$$\hat{S} \pm e_\alpha(a_L, a_U) \sqrt{V[\hat{S}]} \hat{S} \qquad (2.1.7)$$

LIFETEST プロシジャのデフォルトは HW 型信頼バンドである．また，信頼区間同様に，CONFTYPE オプションで変数変換の方法を指定でき，デフォルトは 2 重対数変換で構成される．(2.1.6) 式，(2.1.7) 式は変数変換なし (CONFTYPE = LINEAR) で構成された信頼バンドである．デフォルトの 2 重対数変換に基づく信頼バンドは次の式で構成される．

・HW 型信頼バンド

$$\exp\left(-\exp\left(\log(-\log\hat{S}) \mp h_\alpha(a_L, a_U) \frac{1 + nV[\hat{S}]}{\sqrt{n}\log\hat{S}}\right)\right) \qquad (2.1.8)$$

・EP 型信頼バンド

$$\exp\left(-\exp\left(\log(-\log\hat{S}) \mp e_\alpha(a_L, a_U) \frac{\sqrt{V[\hat{S}]}}{\log\hat{S}}\right)\right) \qquad (2.1.9)$$

プログラム 2.1.11 のように，PROC LIFETEST 文において CONFBAND = オプションで信頼バンドの構成方法を指定すると，OUTS = オプションで生成されるデータセットに信頼バンドの上限・下限が格納される．

出力 2.1.13 は，OutS というデータセットの内容を，PRINT プロシジャによって出力したものである．STRATA 文で Drug を指定したため，結果は Drug の水準ごとに出力され，STRATUM 変数は，6-MP であれば 1，CONTROL であれば 2 となっている．データセット OutS には，生存関数の推定値の 95%信頼区間の上限・下限に加えて，CONFBAND = で指定した信頼バンドの信頼限界が，CONFTYPE = で指定した変数変換方法によ

プログラム 2.1.11　生存関数の信頼バンドのデータセット

```
ods listing close;
proc lifetest data=Gehan outs=OutS confband=hw;
  time Week*Remiss(0);
  strata Drug;
run;
ods listing;
proc print data=OutS;
  by Drug;
  format Drug Drugf.;
run;
```

り構成され，上限は HW_UCL，下限は HW_LCL という変数で格納される．信頼バンドの上限・下限は，デフォルトである 2 重対数変換後に正規近似をして構成されている．

・信頼バンドを付加したカプラン・マイヤープロット

ODS GRAPHICS の機能を用いると，信頼バンドを付加したカプラン・マイヤープロットも作成することが可能である．カプラン・マイヤープロットに信頼バンドを付加するためのプログラム例（プログラム 2.1.12）と出力結果（出力 2.1.14，2.1.15）を示す．

プログラム 2.1.12 で CB オプションを指定したため，生存関数の推定値の 95% 信頼バンドが出力 2.1.14，2.1.15 に示されている．信頼バンドの構成法としては，EP 型と HW 型の 2 種類を指定することができる．出力 2.1.14 は，CB = HW として HW 型を指定し，デフォルトの 2 重対数変換を用いて構成された信頼バンドである．出力 2.1.15 は，CB = EP として EP 型を指定し，CONFTYPE = ASINSQRT と指定して逆正弦変換を用いて構成された信頼バンドである．EP 型信頼バンドが生存関数に対して左右対称である一方，HW 型は左右非対称である．信頼バンドの信頼水準を変更したければ，PROC LIFETEST 文の ALPHA = オプションで有意水準を指定する．

出力 2.1.14 では，信頼バンドの上限・下限は時間の変化とともに単調減少である．しかし，HW 型の信頼バンドの上限・下限が格納されたデータセット OutS をみると（出力 2.1.13），信頼バンドの下限は，対照群では第 3 週ま

出力 **2.1.13**　出力データセット **OutS** の出力

Drug=CONTROL

OBS	Week	_CENSOR_	SURVIVAL	SDF_LCL	SDF_UCL	HW_LCL	HW_UCL	STRATUM
1	0	.	1.00000	1.00000	1.00000	.	.	1
2	1	0	0.90476	0.67005	0.97529	0.07130	0.99621	1
3	2	0	0.80952	0.56891	0.92389	0.30273	0.96332	1
4	3	0	0.76190	0.51939	0.89326	0.32085	0.93702	1
5	4	0	0.66667	0.42535	0.82504	0.29710	0.87332	1
6	5	0	0.57143	0.33798	0.74924	0.24323	0.80130	1
7	8	0	0.38095	0.18307	0.57779	0.11521	0.64986	1
8	11	0	0.28571	0.11656	0.48182	0.05686	0.57847	1
9	12	0	0.19048	0.05948	0.37743	0.01444	0.52264	1
10	15	0	0.14286	0.03566	0.32116	0.00351	0.51167	1
11	17	0	0.09524	0.01626	0.26125	0.00015	0.53472	1
12	22	0	0.04762	0.00332	0.19704	0.00000	0.67420	1
13	23	0	0.00000	.	.	.	.	1

Drug=6-MP

OBS	Week	_CENSOR_	SURVIVAL	SDF_LCL	SDF_UCL	HW_LCL	HW_UCL	STRATUM
14	0	.	1.00000	1.00000	1.00000	.	.	2
15	6	0	0.85714	0.61972	0.95155	0.24571	0.98321	2
16	6	1	0.85714	.	.	.	.	2
17	7	0	0.80672	0.56315	0.92281	0.31214	0.96116	2
18	9	1	0.80672	.	.	.	.	2
19	10	0	0.75294	0.50320	0.88936	0.32290	0.93124	2
20	10	1	0.75294	.	.	.	.	2
21	11	1	0.75294	.	.	.	.	2
22	13	0	0.69020	0.43161	0.84907	0.29810	0.89263	2
23	16	0	0.62745	0.36751	0.80491	0.26022	0.85098	2
24	17	1	0.62745	.	.	.	.	2
25	19	1	0.62745	.	.	.	.	2
26	20	1	0.62745	.	.	.	.	2
27	22	0	0.53782	0.26778	0.74679	0.17528	0.80179	2
28	23	0	0.44818	0.18805	0.68014	0.10037	0.75565	2
29	25	1	.	.	.	.	.	2
30	32	1	.	.	.	.	.	2
31	32	1	.	.	.	.	.	2
32	34	1	.	.	.	.	.	2
33	35	1	.	.	.	.	.	2

で増加した後，それ以降単調減少していることがわかる．また，HW 型の信頼バンドの上限は，対照群では第 17 週まで生存関数が単調減少していたのに，第 17 週から第 22 週にかけて増加していることがわかる．このため，HW 型信頼バンドの構成方法として 2 重対数変換または逆正弦変換を指定した場合，最初と最後のいくつかの時点における信頼バンドは作図されないように設定されている (Borgan and Liestøl, 1990)．その結果，ODS GRAPHICS による出力 2.1.14 において，信頼バンドの上限，下限は時間の変化とともに単調減少しているのである．プログラム 2.1.12 を ODS GRAPHICS ON の状態の下，Survivalplot = でデータセットを生成すれば，OUTS = により

プログラム 2.1.12　信頼バンドを付加したカプラン・マイヤープロットの作成

```
ods graphics on;
proc lifetest data=Gehan plots=s(cb=hw strata=panel);
  time Week*Remiss(0);
  strata Drug;
  format Drug Drugf.;
run;
proc lifetest data=Gehan
        conftype=asinsqrt plots=s(cb=ep strata=panel);
  time Week*Remiss(0);
  strata Drug;
  format Drug Drugf.;
run;
```

出力 2.1.14　HW 型信頼バンドを付加したカプラン・マイヤープロット

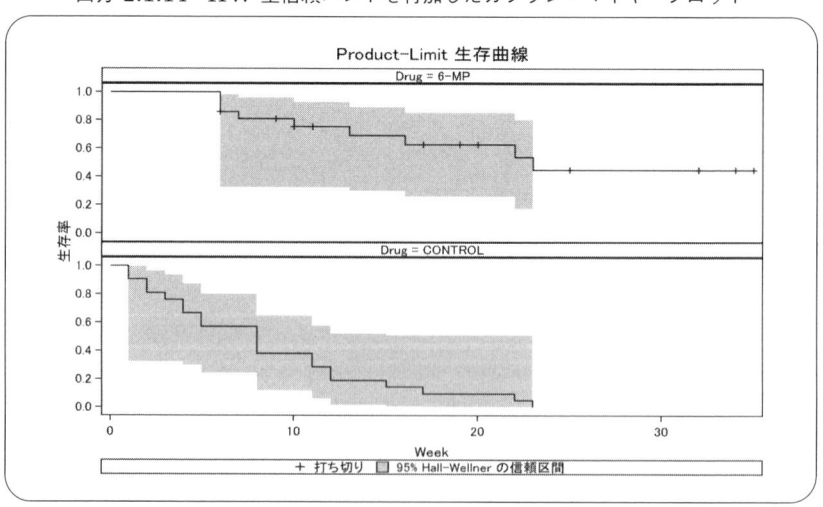

生成されたデータセットと異なり，信頼バンドの上限・下限が時間の変化とともに単調減少するよう，最初と最後のいくつかの時点における信頼バンドの上限・下限の値が補正されていることを確認できるであろう．

信頼区間と信頼バンドを同時に出力させることもできる．プログラム 2.1.13 に示すように，CL と CB を両方指定すれば信頼区間および信頼バンドを同時に出力させることができる（出力 2.1.16）．

出力 2.1.15　EP 型信頼バンドを付加したカプラン・マイヤープロット

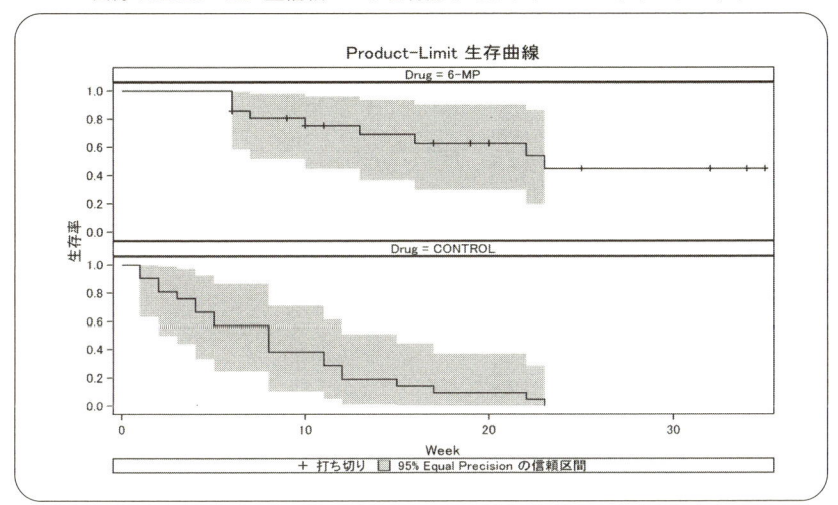

プログラム 2.1.13　信頼区間および信頼バンドを付加したカプラン・
マイヤープロットの作成

```
ods graphics on;
proc lifetest data=Gehan
        plots=s(atrisk=0 to 40 by 5 cl cb=hw strata=panel);
  time Week*Remiss(0);
  strata Drug;
  format Drug Drugf.;
run;
```

出力 2.1.16 のように，信頼区間および信頼バンドを同時に出力させると，信頼バンドに対して信頼区間は点線で表記される．区間全体で被覆確率を保証する信頼バンドの方が広くなっていることがわかる．

信頼バンドの構成方法として，2重対数変換 (CONFTYPE = LOGLOG) を用いる場合は EP 型よりも HW 型が推奨され，逆正弦変換 (CONFTYPE = ASINSQRT) を用いる場合は EP 型が推奨される (Liu, 2012)．また，小標本の下では 2 重対数変換を用いた HW 型が推奨され，保守性が重要な場合には変換なし (CONFTYPE = LINEAR) の HW 型も推奨される（佐藤・浜田，2012）．

出力 2.1.16　信頼区間および信頼バンドを付加したカプラン・マイヤープロット

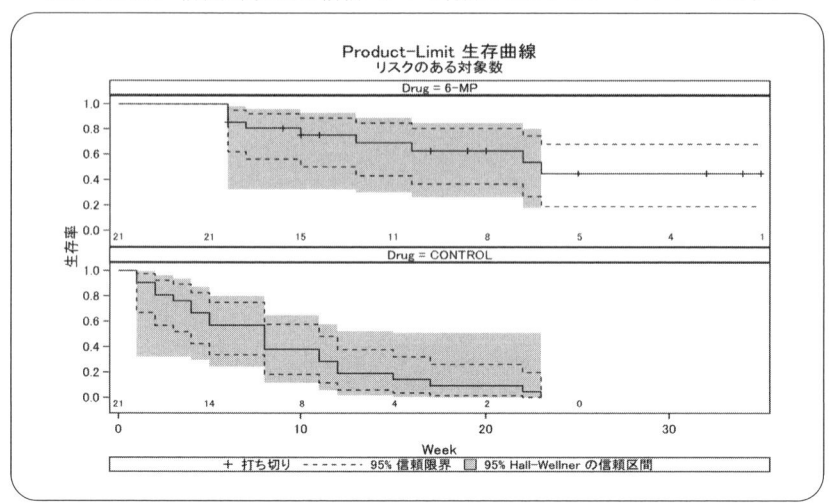

なお，生存関数の差に対する信頼バンドも提案されており (Parzen *et al.*, 1997)，SAS による実行プログラムも開発されている（平井ら, 2009）．

2.1.5　ハザードの推定と可視化

(2.1.1) 式のカプラン・マイヤー法による生存関数の推定値 $\hat{S}(t)$ より，累積ハザード関数は以下の式で表せる．

$$\hat{H}(t) = -\log \hat{S}(t)$$
$$= -\log\left[\prod_{t_i < t}\left(1 - \frac{d_i}{n_i}\right)\right]$$
$$= -\sum_{t_i \leq t} \log\left(1 - \frac{d_i}{n_i}\right)$$

ここで，x の値が十分に小さい場合，マクローリン展開より $\log(1+x) \approx x$ となることを用いて，

$$\hat{H}(t) \approx \sum_{t_i \leq t} \frac{d_i}{n_i} \tag{2.1.10}$$

と表せる．(2.1.10) 式をネルソン・アーレン (Nelson-Aalen) 法による累積ハザード関数と呼ぶ．この推定量の名前は，ネルソンによって提案され (Nelson, 1969)，後にアーレンによって数理的に妥当であることが示された (Aalen, 1978) ことに由来する．ノンパラメトリックにハザードを推定する場合，ハザードは死亡が起きなかった時点では 0，死亡が起きた時点ではその時点 i におけるリスク集合の大きさ n_i と死亡数 d_i を用いて d_i/n_i で計算でき，これを累積した $\hat{H}(t)$ が累積ハザード関数となる．例えば，時点 t_2 までの累積ハザードは $(d_1/n_1) + (d_2/n_2)$ となり，階段状に上昇する関数になる．推定量 $\hat{H}(t)$ を利用して，カーネル関数による平滑化した滑らかなハザード関数を推定することができる．

ネルソン・アーレン法による累積ハザード関数 $\hat{H}(t)$ を用いて，

$$\hat{S}(t) = \exp\left(-\hat{H}(t)\right) = \exp\left(-\sum_{t_i \leq t} \frac{d_i}{n_i}\right) \qquad (2.1.11)$$

と表せる．(2.1.11) 式はブレスロウ (Breslow) 法による生存関数である．

PROC LIFETEST 文のオプションとして NELSON あるいは AALEN を指定すると，ネルソン・アーレン法による累積ハザード関数の推定量を求めることができる．また，PROC LIFETEST 文で METHOD = BRESLOW を指定すれば，カプラン・マイヤー法による推定量の代わりに，ブレスロウ法による生存関数の推定量が得られる．

例えば，Gehan のデータの対照群では，累積ハザードは $2/21(=0.0952)$，$2/21+2/19(=0.2005)$ となり，その時点までの死亡率（ハザード）を足し合わせたものとなる．Gehan のデータに対して，プログラム 2.1.14 の LIFETEST プロシジャの実行から得られる対照群の累積ハザードの数値を出力 2.1.17 に示し，ハザードのプロットを出力 2.1.18 に図示した．ハザードは，死亡した時点のみ 0 と異なる離散的な関数となる．

PROC LIFETEST 文のオプションとして NELSON あるいは AALEN を指定すると，出力 2.1.17 のようにネルソン・アーレン法による累積ハザードとその標準誤差が出力される．累積ハザードの分散は

プログラム 2.1.14　ネルソン・アーレン法による累積ハザード関数の推定プログラム

```
ods listing close;
ods output BreslowEstimates=odsout;
proc lifetest data=Gehan method=breslow nelson atrisk;
  time Week*Remiss(0);
  strata Drug;
  format Drug Drugf.;
run;
ods listing;
data odsout;set odsout;
  Hazard=ObservedEvents/NumberAtRisk;
run;
proc print data=odsout noobs label;
  where Drug=0;
  var Week Survival CumHaz StdErrCumHaz
      NumberAtRisk ObservedEvents Hazard;
run;
proc sgpanel data=odsout noautolegend;
  panelby Drug / novarname;
  needle x=Week y=Hazard / lineattrs=(thickness=3);
  rowaxis values=(0 to 1 by 0.1) label=" ハザード";
  colaxis values=(0 to 30 by 10);
run;
```

$$V[\hat{H}(t)] \approx \sum_{t_i \leq t} \frac{d_i}{n_i^2} \tag{2.1.12}$$

と表せる．標準誤差を求めるには (2.1.12) 式の平方根をとればよい．

PLOTS = H | HAZARD には以下のオプションを指定できる．なお，オプションは "PLOTS = H（オプション）" として指定する．

PROC LIFETEST PLOTS = H（オプション）

カーネル法による平滑化推定は，METHOD = KM | BRESLOW | FH を指定した下で作成される．

- BANDWIDTH | BW　カーネル法による平滑化のバンド幅を指定する．

    RANGE(*lower, upper*)　区間幅の上限・下限を指定する．

出力 2.1.17 対照群における生存関数とハザード関数の推定値

Week	Survival[1]	Nelson-Aalen Estimate[2]	Cum Haz StdErr[3]	リスクのある対象者数[4]	観測事象数[5]	Hazard[6]
0	1.0000	0	.	21	0	0.00000
1	.	.	.	.	.	.
1	0.9092	0.0952	0.0673	21	2	0.09524
2	.	.	.	.	.	.
2	0.8183	0.2005	0.1004	19	2	0.10526
3	0.7716	0.2593	0.1163	17	1	0.05882
4	.	.	.	.	.	.
4	0.6809	0.3843	0.1461	16	2	0.12500
5	.	.	.	.	.	.
5	0.5903	0.5272	0.1776	14	2	0.14286
8	.	.	.	.	.	.
8	.	.	.	.	.	.
8	.	.	.	.	.	.
8	0.4229	0.8605	0.2436	12	4	0.33333
11	.	.	.	.	.	.
11	0.3294	1.1105	0.3010	8	2	0.25000
12	.	.	.	.	.	.
12	0.2360	1.4438	0.3823	6	2	0.33333
15	0.1838	1.6938	0.4568	4	1	0.25000
17	0.1317	2.0272	0.5655	3	1	0.33333
22	0.0799	2.5272	0.7548	2	1	0.50000
23	0.0294	3.5272	1.2529	1	1	1.00000

出力 2.1.18 各群におけるネルソン・アーレン法によるハザード

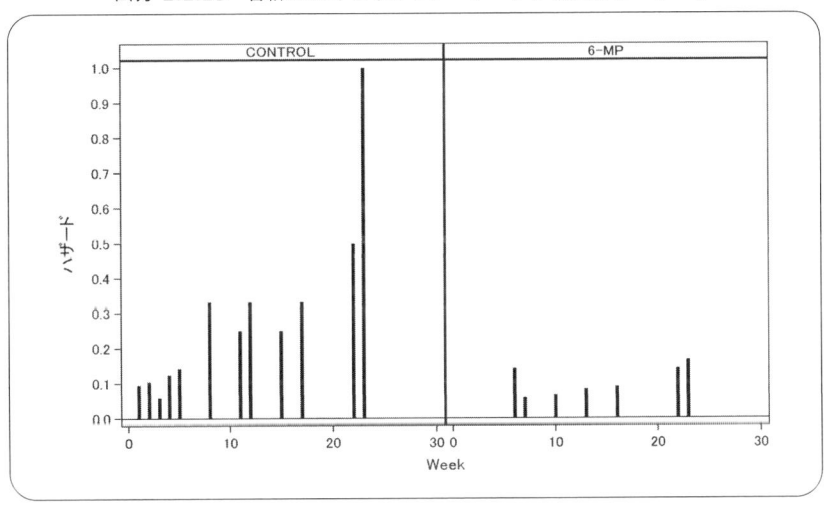

2.1 ノンパラメトリックな生存関数とハザード関数の推定

- GRIDL カーネル法による平滑化推定のグリッド下限を指定する．
- GRIDU カーネル法による平滑化推定のグリッド上限を指定する．
- KERNEL = カーネル関数 $K(x)$ を指定する．$(-1 < x < 1)$
  EPANECHNIKOV | E $K(x) = \frac{3}{4}(1-x^2)$
  BIWEIGHT | BYWGT | B $K(x) = \frac{15}{16}(1-x^2)^2$
  UNIFORM | U $K(x) = \frac{1}{2}$

  デフォルトは EPANECHNIKOV である．

- NMINGRID = Mean integrated square error を決めるグリッド点の数を指定する．デフォルト値は 51 である．
- NGRID = グリッド点の数を特定する．デフォルト値は 101 である．
- CL 平滑化ハザードの信頼区間の上限・下限（信頼限界）を表示させる．

ブレスロウ法による生存関数の推定値とネルソン・アーレン法による累積ハザード関数の推定値との関係がわかるよう，プログラム 2.1.14 では METHOD = BRESLOW と指定している．

出力 2.1.17 において，イベント発生時点において"ハザード[6] = 観測事象数[5]/リスクのある対象者数[4]"を計算することで，ネルソン・アーレン法による累積ハザード[2] に加えて，ハザード[6] についても出力している．ブレスロウ法による生存関数の推定値[1] は，"$\exp(-\text{Nelson-Aalen Estimate}^{[2]})$"に対応している．例えば，第 3 週の推定値で確認すると，ブレスロウ法による生存関数の推定値は "$\exp(-0.2593) = 0.7716$" となる．

出力 2.1.18 は，ハザード[6] を縦軸として，SGPANEL プロシジャで群別に示した図である．出力 2.1.18 のように，ハザードは死亡が起きた時点 i ごとに d_i/n_i ずつとる離散的な関数となり，全体的な傾向を把握することが難しい．そこで，プログラム 2.1.15 のように，カーネル関数を用いて平滑化した滑らかな曲線で表すと，出力 2.1.19 のようになり，対照群の方が一様にハ

ザードが高いことがわかる．出力 2.1.20 は，ODS GRAPHICS で生成されるデータセットを用いて，SGPLOT プロシジャの SERIES 文で描いた平滑化ハザード曲線である．

プログラム 2.1.15 において，PLOTS(ONLY) と指定することで，生存関

プログラム **2.1.15**　平滑化ハザードの作成

```
ods listing close;
ods graphics on;
ods output HazardPlot=HazardPlot;
proc lifetest data=Gehan plots(only)=h(kernel=b bw=5);
  time Week*Remiss(0);
  strata Drug;
  format Drug Drugf.;
run;
ods listing;
proc sgplot data=HazardPlot noautolegend;
  series x=Time y=Hazard / group=Stratum name='Hazard';
  yaxis values=(0 to 1 by 0.1) label=' ハザード';
  xaxis values=(0 to 25 by 5);
  keylegend 'Hazard' / location=inside position=topright noborder;
run;
```

出力 **2.1.19**　平滑化ハザード（**LIFETEST** プロシジャ）

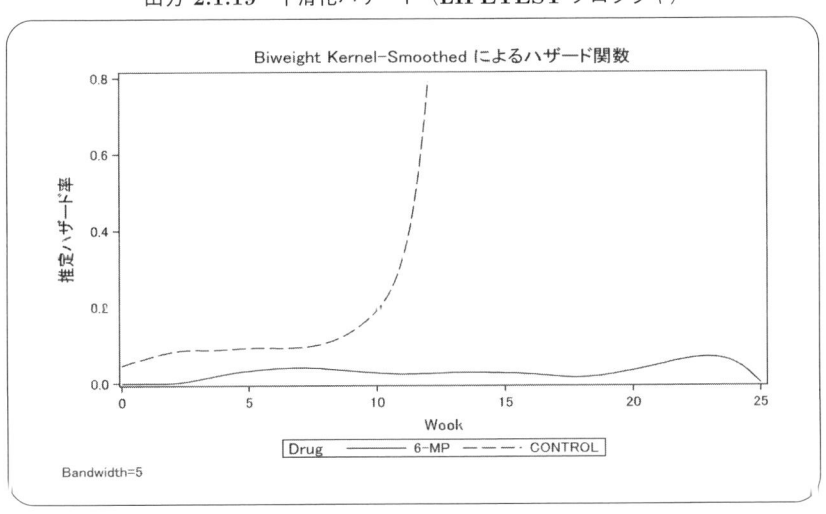

2.1　ノンパラメトリックな生存関数とハザード関数の推定　　*63*

出力 2.1.20　平滑化ハザード（**SGPLOT** プロシジャ）

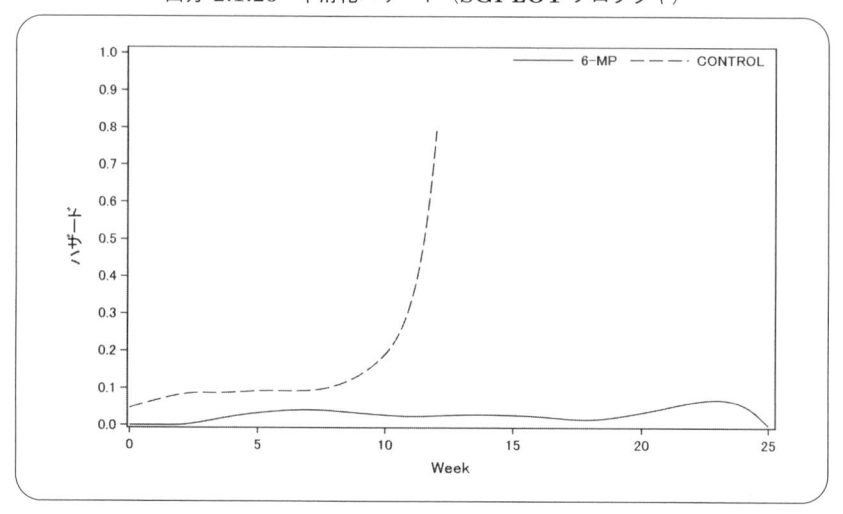

数のプロットのデフォルト出力を省略し，ハザード関数 (H) のみを出力させている．ハザード関数 (H) のオプションとして，KERNEL = B を指定することで，BIWEIGHT カーネル関数 $K(x)$

$$K(x) = \frac{15}{16}(1-x^2)^2$$

を用いた平滑化を行っている．死亡時点ごとに，滑らかな確率密度関数（カーネル関数）を当てはめ，それを重ね合わせるのである．バンド幅を広げればより滑らかになる．プログラム 2.1.15 では BW = 5 を指定しているため，5 週のバンド幅を指定していることになる．イベントが起きた時点を $t_1 < t_2 < \cdots < t_D$，バンド幅を b とすると，平滑化したハザード推定量 $\hat{h}(t)$ は，一般に

$$\hat{h}(t) = \frac{1}{b}\sum_{i=1}^{D} K\left(\frac{t-t_i}{b}\right)(\hat{H}(t_i) - \hat{H}(t_{i-1}))$$

となる．

　平滑化ハザード関数を使った事例として，結腸癌に対する経口 FU 剤の補助化学療法の投与期間の比較結果を参照されたい (Hamada et al., 2011)．こ

の事例では，3つの臨床試験データを用いて，経口FU剤の投与期間の長さ(6ヶ月 vs. 12ヶ月) の違いによる効果を比較したものである．無病生存期間の結果では，6ヶ月まではほとんど差がなく，12ヶ月投与では12ヶ月のピークを迎える傾向があったが，そのような違いは生存時間関数では分かりづらい．しかし，ハザードを平滑化すると，再発のピークがどの時点で発生しているか解釈しやすいことが報告されている．

2.2 生存関数の群間比較

群ごとに生存時間の分布をカプラン・マイヤー法によって記述できたとして，解析の次の段階として，群間で生存時間分布に偶然を越えた違いがあるか，ノンパラメトリック検定によって調べることになる．LIFETESTプロシジャのデフォルトでは，生存関数の違いのノンパラメトリック検定として，ログランク検定(log-rank test)，一般化ウイルコクソン検定(generalized Wilcoxon test)，指数分布に基づく尤度比検定の結果が出力される．現在のLIFETESTプロシジャは，オプションを指定すれば，タローン・ウェア検定(Tarone-Ware test)，ピトー・ピトー検定(Peto-Peto test)，修正ピトー・ピトー検定(modified Peto-Peto test)，ハリントン・フレミング検定(Harrington-Fleming test) の結果も出力できるようになった．さらに，3群以上の生存時間データに対して，多重性を考慮して第I種の過誤が制御できる調整p値が出力されるようになった．本節では，LIFETESTプロシジャで新たに実行できるようになったノンパラメトリック検定および多重比較法について概説し，それぞれの方法を適用した実行例を示す．2.2.1項では，群間の生存時間分布の違いを調べる，ノンパラメトリック検定のχ^2検定統計量の構成方法について復習し，それぞれの方法を適用する実行例を示す．2.2.2項では，多重比較法について概説し，それぞれの方法の適用方法について実行例を示しながら解説する．

2.2.1　2群間の比較

LIFETEST プロシジャによる生存関数の違いのノンパラメトリック検定の説明を行う．簡単化するために 2 群間の比較で考える．

・スコア統計量 (u_j)

生存関数の違いを調べる代表的なノンパラメトリック検定では，第 i 時点の第 j 群の期待死亡数 (e_{ij}) と観測死亡数 (d_{ij}) の差に時点の重み $w_i(\geq 0)$ をかけたものを，時点 i における群 j のスコア u_{ij} とする．期待死亡数は第 i 時点直前のリスク集合の大きさ n_{ij} に従って観測死亡数の総数 $d_i = \sum_j d_{ij}$ を各群に比例配分したものである．

$$u_{ij} = w_i(d_{ij} - e_{ij})$$

スコア u_{ij} を群ごとに時点 i について足し合わせると，次のようになる．

$$u_j = \sum_i u_{ij} = \sum_i w_i(d_{ij} - e_{ij}) \tag{2.2.1}$$

群間でハザードに差がないという帰無仮説の下では，u_j の期待値は 0 になる．相対的に死亡のハザードが高い群ではスコア u_j は正の値をとり，低い群では負の値をとる．2 群の場合には，$u_1 = -u_2$ が成り立つ．

多群（a 群）の比較を考えると，スコア u_j は大きさ a の列ベクトル

$$\underline{u} = \begin{pmatrix} u_1 & u_2 & \cdots & u_j & \cdots & u_a \end{pmatrix}^T$$

として表すことができる．

スコアベクトル $\underline{u}$ は，要素を足し合わせると 0 になる特徴をもつ．すなわち，スコアベクトル $\underline{u}$ の自由度（存在する空間の次元）は $a-1$ となる．

LIFETEST プロシジャでは，STRATA 文のオプションを指定しない限り，ログランク検定 $(w_i = 1)$ と一般化ウイルコクソン検定 $(w_i = n_i)$ のスコア統計量（順位統計量）が出力される．

・スコア統計量の分散・共分散

j 群のスコア u_j の分散共分散行列の対角成分 V_{jj}（分散成分）は (2.2.2) 式で示される．

$$V_{jj} = \sum_i w_i^2 \frac{(n_i - n_{ij})n_{ij}d_i(n_i - d_i)}{n_i^2(n_i - 1)} \qquad (2.2.2)$$

特に死亡数 $d_i = 1$ の場合

$$\frac{(n_i - n_{ij})n_{ij} \cdot 1 \cdot (n_i - 1)}{n_i^2(n_i - 1)} = \frac{(n_i - n_{ij})n_{ij}}{n_i^2}$$

生存関数が等しいという帰無仮説の下では，それまでの死亡・打ち切りパターンを固定した条件付きで各群の死亡数は（多項）超幾何分布に従うことが知られていることから (2.2.2) 式が得られる．死亡数あるいは死亡数と期待値の差は時点ごとに漸近的に無相関となるので，分散の加法性によって，各時点の分散の和で全体の分散が求められる．

第 j 群と第 l 群の共分散 V_{jl} は次の式で表される．

$$V_{jl} = \sum_i w_i^2 \frac{-n_{ij}n_{il}d_i(n_i - d_i)}{n_i^2(n_i - 1)} \qquad (2.2.3)$$

特に 2 群の場合は $n_{i2} = n_i - n_{i1}$ であるので，

$$V_{12} = -V_{11} = -V_{22}$$

スコアベクトル $\underline{u}$ で考えると，$\underline{u}$ の分散共分散行列 $\underline{V}$ は，要素が (2.2.2) 式，(2.2.3) 式で表される $a \times a$ の行列になる．

$$\underline{V} = \begin{bmatrix} V_{11} & V_{12} & \cdots & V_{1a} \\ V_{21} & V_{22} & & V_{2a} \\ \vdots & & \ddots & \\ V_{a1} & V_{a2} & & V_{aa} \end{bmatrix}$$

分散共分散行列 $\underline{V}$ の特徴は，ある行，またはある列の要素を足し合わせると 0 になることである．すなわち $\underline{V}$ はランク（階数）落ちしている．行列 $\underline{V}$ のランクは，$a-1$ 以下であるため，$\underline{V}$ の逆行列を求めることはできない．

・χ^2 検定統計量

ノンパラメトリック検定の考え方は，スコア u_j と分散の大きさを比較することによって，群間で差があるかどうかを判断するものである．ノンパラメトリック検定の検定統計量を一般式の形で書くために，行列表記を用いる．

検定統計量 χ^2 は，$\underline{u}$ と $\underline{V}$ から (2.2.4) 式にしたがって構成される．

$$\chi^2 = \underline{u}^T \underline{V}^- \underline{u} \tag{2.2.4}$$

$\underline{V}^-$ は分散共分散行列 $\underline{V}$ の一般化逆行列である．行列 $\underline{A}$ の一般化逆行列とは $\underline{AGA} = \underline{A}$ を満たすような行列 $\underline{G}$ のことであり，SAS の IML プロシジャを用いるならば，GINV 関数によって計算できる（厳密には，一般化逆行列の一種であるムーア・ペンローズの一般化逆行列が GINV 関数で計算される）．(2.2.4) 式の χ^2 統計量は，帰無仮説の下で漸近的に自由度 $a-1$ のカイ 2 乗分布に従う．この検定はちょうど一元配置分散分析の F 検定に対応しており，対立仮説の方向を限定しないオムニバスな検定（自由度 $(a-1)$ の検定）である．2 群 ($a=2$) の場合は，2 行 2 列を落とすと，$\underline{u}$，$\underline{V}$ 両方ともスカラーになり，結局 χ^2 統計量は

$$\chi^2 = \underline{u}^T \underline{V}^- \underline{u} = u_1^2 / V_{11} \tag{2.2.5}$$

となる．すなわち，χ^2 統計量は，スコア u_1 の 2 乗をその分散 V_{11} で割ったものになる．

・ノンパラメトリック検定と重み (w_i)

(2.2.1)式における w_i をどのように設定するかによって, 構成されるノンパラメトリック検定手法が異なる. 臨床医学の分野では, ログランク検定 ($w_i = 1$) と一般化ウイルコクソン検定 ($w_i = n_i$) がよく用いられ, LIFETEST プロシジャではどちらもデフォルトとして出力される (これら 2 つの検定の使い分けについては, 大橋・浜田 (1995), 浜田 (2011) を参照されたい). また, 現在の LIFETEST プロシジャでは, STRATA 文の TEST オプションにより, 図表 2.2.1 に示す重みを用いたノンパラメトリック検定を実行することができる. オプションを指定しない場合, STRATA 文のデフォルトとして, ログランク検定, 一般化ウイルコクソン検定, 指数分布に基づく尤度比検定が出力される.

図表 2.2.1　LIFETEST プロシジャで指定できるノンパラメトリック検定

検定手法	重み
ログランク	1
一般化ウイルコクソン	n_i
タローン・ウェア	$\sqrt{n_i}$
ピトー・ピトー	$\hat{S}(t_i)$
修正ピトー・ピトー	$\hat{S}(t_i)\frac{n_i}{n_i+1}$
ハリントン・フレミング	$[\hat{S}(t_i)]^p[1-\hat{S}(t_i)]^q, \quad p \geq 0, q \geq 0$

図表 2.2.2 は打ち切りがない場合の重み w_i のイメージを示したものである. ログランク検定の重みは $w_i = 1$ であるため時点によらず一定である. その一方, 一般化ウイルコクソン検定の重みは $w_i = n_i$ (時点 i のリスク集合の大きさ) であり, 時間の経過とともに n_i が小さくなり, それに伴い重み w_i も小さくなる. タローン・ウェア検定は, ログランク検定と一般化ウイルコクソン検定の中間的な重み $\sqrt{n_i}$ になるので, 両者の中間的な性質を有する.

図表 2.2.1 に示したようにハリントン・フレミング検定は, p と q の値によって, どの時点に高い重みをおくかを指定できるので, ログランク検定と一般化ウイルコクソン検定の重みの間でフレキシブルにバランスをとることができる (Harrington and Fleming, 1982). $q = 0$ の場合, 重みは $[\hat{S}(t_i)]^p$ というべき関数族として表すことができる (Fleming and Harrington, 1981). とりに, $p=0$ のときはロクフンク検定に対応し, $p=1$ のときはピトー・ピ

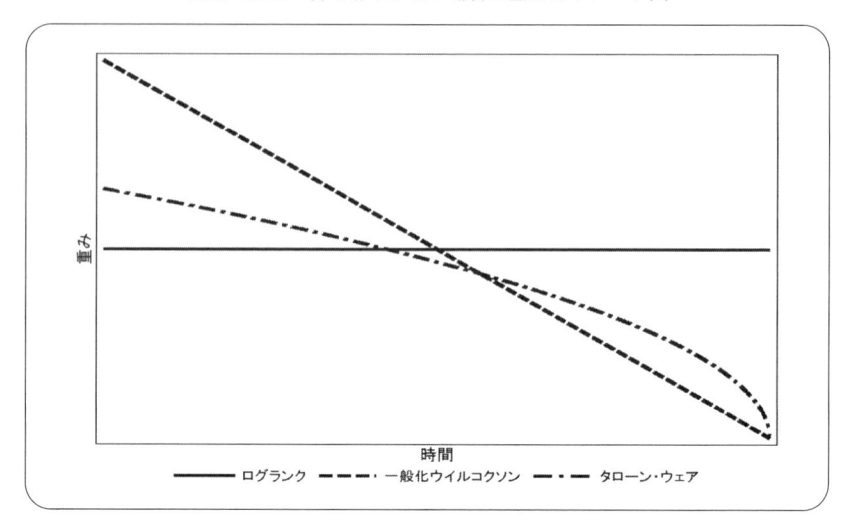

図表 2.2.2 打ち切りがない場合の重みのイメージ図

ト一検定の近似となる．過去の結果から，試験群の効果の時間変化の形を予想できるのであれば，良い検定手法であるといえる．効果発現までに一定の時間を要する免疫療法の評価において，$p=0$, $q>0$ とすることが提案されている．

ログランク検定，一般化ウイルコクソン検定，タローン・ウェア検定の3つは，第4章で示す POWER プロシジャでも指定できる検定手法であるため，これらの検定手法を行う場合の例数設計も SAS で実施できる．ハリントン・フレミング検定を行う場合の例数設計については，Hasegawa (2014) を参照されたい．

これらの検定手法のうち，ログランク検定は打ち切りパターンが群間で変わらない前提と比例ハザード性の下で，漸近的かつ帰無仮説の近傍で検出力が最強の検定（最強力検定）であることが知られている．

LIFETEST プロシジャにより生存関数の違いのノンパラメトリック検定を行う場合に利用できるオプションは以下の通りである．

生存関数の違いの検定に関するオプション

・GROUP = 　層別解析の変数を指定する．

- ORDER = STRATA 文に指定した変数の水準に対する順序を指定する．

    FORMATTED 外部フォーマット順

    INTERNAL アンフォーマット順

- NODETAIL 検定統計量および分散共分散行列の出力を省略する．
- NOLABEL SAS/GRAPH で出力させるプロットの凡例としてラベルを省略する．
- NOTEST 検定を省略する．
- TEST = ノンパラメトリック検定法を指定する．

    NONE いずれの検定も行わない．NOTEST オプションと同様の役割を果たす．

    LOGRANK ログランク検定を指定する．

    WILCOXON 一般化ウイルコクソン検定を指定する．

    LR 指数分布に基づく尤度比検定を指定する．

    TARONE タローン・ウェア検定を指定する．

    PETO ピトー・ピトー検定を指定する．

    MODPETO 修正ピトー・ピトー検定を指定する．

    FLEMING(p,q) ハリントン・フレミング検定を指定する ($p \geq 0, q \geq 0$)．

    ALL 指数分布に基づく尤度比検定を除くすべてのノンパラメトリック検定の結果を出力する．ハリントン・フレミング検定は，$p = 1, q = 0$ の場合（ピトー・ピトー検定の近似）の結果を出力する．

    デフォルトは，TEST = (LOGRANK WILCOXON LR) を実行している．層別解析や傾向性の検定の場合，TEST = (LOGRANK WILCOXON) を実行する．

- TREND 傾向性の検定を実施する．

・ノンパラメトリック検定の LIFETEST プロシジャにおける実行

　Gehan のデータに対して，LIFETEST プロシジャを用いてノンパラメトリック検定を行うプログラム例（プログラム 2.2.1）とその実行結果（出力 2.2.1）を示した．プログラム 2.2.1 では，LIFETEST プロシジャの実行前に ODS SELECT 文を追記することで，ノンパラメトリック検定の結果のみ出力している．

プログラム 2.2.1　LIFETEST プロシジャによるノンパラメトリック検定

```
ods select HomTests;
proc lifetest data=Gehan;
  time Week*Remiss(0);
  strata Drug / test=(all);
run;
```

出力 2.2.1　生存関数の違いの検定結果

検定	層に対しての同等性の検定		
	カイ2乗値	自由度	Pr > Chi-Square
ログランク	16.7929	1	<.0001
Wilcoxon	13.4579	1	0.0002
Tarone	15.1236	1	0.0001
Peto	14.0841	1	0.0002
Modified Peto	13.9113	1	0.0002
Fleming(1)	14.4572	1	0.0001

　プログラム 2.2.1 では，STRATA 文で TEST = (ALL) と指定することで，指数分布に基づく尤度比検定以外のすべてのノンパラメトリック検定の結果を出力している．すべての検定で p 値は有意な結果が得られており，χ^2 検定統計量が最も大きい値が得られたのはログランク検定であった．タローン・ウェア検定の χ^2 検定統計量は，ログランク検定と一般化ウイルコクソン検定の χ^2 検定統計量の中間の結果が得られている．Gehan のデータはほぼ比例ハザード性が成り立っており，その結果ログランク検定の χ^2 検定統計量が最も大きい値となったといえる．なお，Gehan のデータで比例ハザー

ド性が成り立っていることは，大橋・浜田 (1995) 第 2 章で 2 重対数プロットを使って示されている．

2.2.2 多重比較法による解析

多群（3 群以上）のデータに対して，生存関数の違いをログランク検定などのノンパラメトリック検定を複数回行うと，第 I 種の過誤確率が上昇する多重性の問題が生じる．大橋・浜田 (1995) では，3 群のデータに対して 2 群ごとに比較する方法や対比による解析方法が解説された．現在の LIFETEST プロシジャでは，STRATA 文で ADJUST オプションを指定すれば，多重性を考慮した多重比較法を適用できるようになった．適用できる多重比較法は以下の通りであり，図表 2.2.3 にそれぞれの多重比較法の調整 p 値の計算法を示す．

図表 2.2.3　LIFEST プロシジャで実行できる多重比較法

多重比較法	調整 p 値
ボンフェローニ (Bonferroni) 法	$\min(1, m \times p)$
ダネット (Dunnett-Hsu) 法	−
テューキー (Tukey-Kramer) 法	−
シェフェ (Scheffé) 法	$\Pr(\chi^2_{r-1} > \chi^2_{ij})$
シダック (Šidák) 法	$1 - (1-p)^m$
スチューデント化された最大モジュール (SMM) 検定に基づく方法	$1 - [2\phi(z_{ij}) - 1]^m$
シミュレーション法	

m：検定の回数，r：群の数

多重比較に関するオプション

・ADJUST | ADJ = 　p 値を調整する多重比較法を指定する．

　　BONFERRONI | BON　ボンフェローニ (Bonferroni) 法

　　TUKEY　テューキー (Tukey-Kramer) 法

　　DUNNETT　ダネット (Dunnett-Hsu) 法

　　SCHEFFE　シェフェ (Scheffé) 法

　　SIDAK　シダック (Šidák) 法

SMM | GTE　スチューデント化された最大モジュール検定に基づく方法

SIMULATE　シミュレーション法

シミュレーションによって多重性を調整する方法

- SEED =　乱数シードを指定する．デフォルト値は使用コンピュータの日時に基づく．
- ACC =　精密の半径（有意水準の信頼区間幅の半分）を指定する．デフォルト値は 0.005 である．
- ALPHA =　目標有意水準を指定する．デフォルト値は 0.05 である．
- EPS =　精度の信頼度を指定する．デフォルト値は 0.01 である．
- NSAMP =　標本サイズ（シミュレーション回数）を指定する．デフォルト値は 12604 である．
- REPORT　シミュレーションの詳細を出力する．

・DIFF =　比較方法を指定する．ADJUST = DUNNETT を指定しない限り，DIFF = ALL がデフォルトである．

ALL　すべての対比較を行う．（ダネット法とともに指定不可）

CONTROL　対照群を指定する．（テューキー法とともに指定不可）

基本的な多重比較の例として，A, B, C の 3 水準間の比較を考える．テューキー法ではすべての群間比較が可能であり，ダネット法では A 群を基準とした場合，A–B, A–C の比較が可能である．これらの方法では，多変量正規分布の積分計算を行うことで近似的な調整 p 値が算出される．詳細は，永田・吉田 (1997) を参照されたい．

シェフェ法はすべての対比較に加え，例えば B と C を一緒にして A と違いがあるかという対比の検討が可能である．シダック法は m 回比較を行う場合，その比較が独立であることを前提として多重性を調整する方法であり，そ

れを簡便化して近似したものがボンフェローニ法である．ボンフェローニ法では，m 回検定を行う場合の調整 p 値は m 倍して求まる．これに対してシミュレーション法とは，最小 p 値の分布について，多変量正規分布のシミュレーションによって乱数を発生させ，相関を考慮した多重性の調整を行う方法である．

独立性を仮定した下で m 回比較を行う場合，有意水準を α とすると，m 回とも有意にならない確率は $(1-\alpha)^m$ となる．これを 1 から引いた確率 $1-(1-\alpha)^m$ は少なくとも 1 回以上有意になる確率である．$m=10$ とすると 0.40126 となり，1 回のみ検定を行う場合の 0.05 よりもはるかに大きい値となる．ここで，少なくとも 1 回以上有意とは，少なくとも最小 p 値が有意であることを表し，これを利用して最小 p 値の分布関数を評価することができる．α を引数 x で書き直すと，最小 p 値が x 以下である確率，すなわち最小 p 値の累積分布関数は

$$F(x) = 1 - (1-x)^m$$

となり，これを x で微分したものが最小 p 値の確率密度関数

$$f(x) = m(1-x)^{m-1}$$

となる．確率密度関数 $f(x)$ を図表 2.2.4 に示す．確率密度関数 $f(x)$ は，検定を 1 回しか実施しなければ 0 から 1 の間を等しい確率でとる一様分布となるが，m 回の検定の最小 p 値を考えると，0 に近い値をとる確率が高くなることがわかる．一方，累積分布関数 $F(x)$ は図表 2.2.5 のようになり，10 回検定を行った場合，最小 p 値が 0.05 以下になる確率は 0.40126 となる．独立性を前提として，式 $1-(1-p)^m$ を利用して p 値の調整を行う方法がシダック法である．また，この式は p が小さいときは $1-(1-p)^m \approx mp$ と近似でき，このように p 値を m 倍する方法がボンフェローニ法である．

・**LIFETEST プロシジャによる多重比較法の実行例**

皮膚癌の実験データ Scancer に対して，LIFETEST プロシジャによる解析を実行する．図表 2.2.6 は，データセット Scancer のイベントと打ち切りについて群ごとに集計した結果である．

図表 2.2.4 　m 個の最小 p 値の確率密度関数

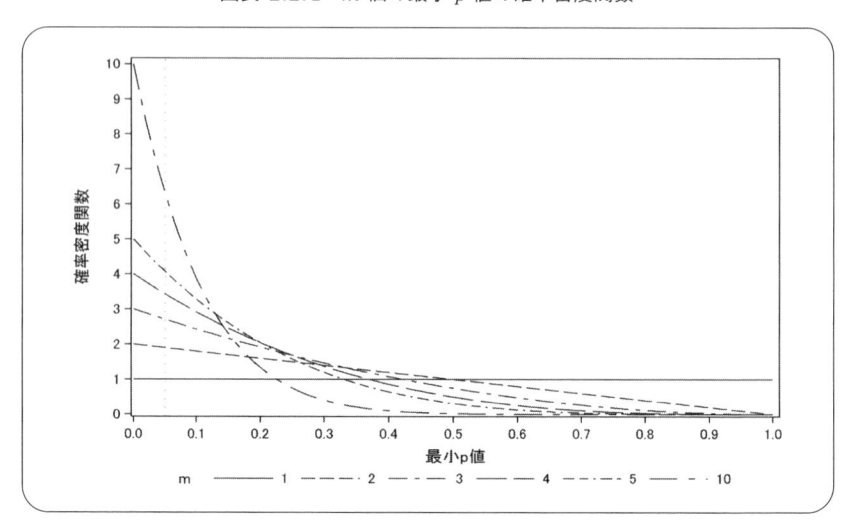

図表 2.2.5 　m 個の最小 p 値の累積分布関数

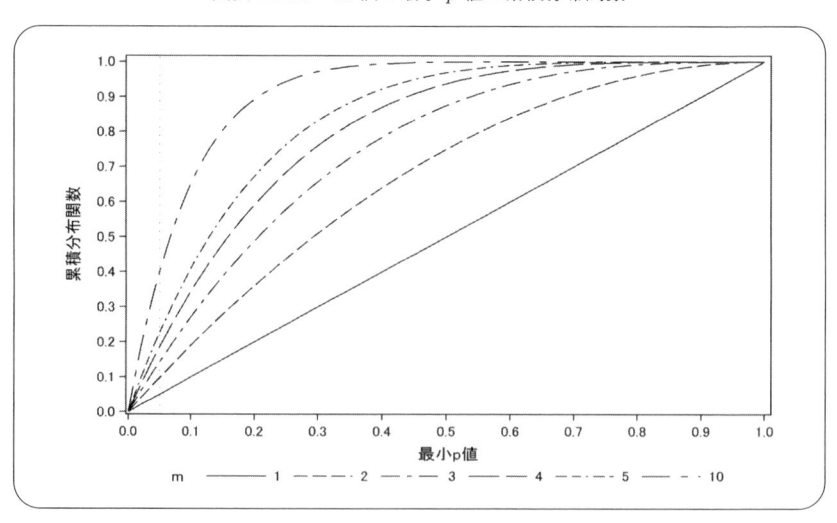

　皮膚癌のデータ（データセット名：Scancer）は用量の違いからなる 3 群から構成されている．プログラム 2.2.2 に皮膚癌のデータに対するノンパラメトリック検定を実行するためのプログラム，出力 2.2.2 に検定結果を示した．

図表 2.2.6 皮膚癌のデータの群ごとの集計結果

用量（単位：nmol）	10	30	90	計
打ち切り	19	11	10	40
皮膚癌発生	11	19	20	50
計	30	30	30	90

プログラム 2.2.2 皮膚癌データの解析

```
ods select HomTests;
proc lifetest data=Scancer notable;
  time Time*Censor(0); strata Dose / test=(all);
run;
```

出力 2.2.2 皮膚癌のデータの検定結果

	層に対しての同等性の検定		
検定	カイ2乗値	自由度	Pr > Chi-Square
ログランク	20.2565	2	<.0001
Wilcoxon	19.3344	2	<.0001
Tarone	19.9065	2	<.0001
Peto	19.6999	2	<.0001
Modified Peto	19.6746	2	<.0001
Fleming(1)	19.6436	2	<.0001

イベント発生または打ち切りの時間を表す変数が TIME で，群の投与量を表す変数が Dose，打ち切りを表す変数が Censor（打ち切りであれば 0，イベントであれば 1）である．

いずれの検定結果においても p 値は 0.01 より小さく，3 群間で有意に生存時間分布が異なることがわかる．2 群間で検定を行う場合は，検定の結果が有意ならば 2 群間で有意に生存時間分布が異なると結論付けることができる．しかしながら 3 群以上でオムニバスな検定を行う場合には，一元配置分散分析の F 検定と同じように，検定結果から，直接どの群とどの群の間で差があるかについての情報を得ることができない．対処法として，2 群ごとの対比較が考えられるが，群間の対比較によって結論を出すことには多重性の問題が生じる．

2.2 生存関数の群間比較 77

そこで，多重比較法の適用を考える．皮膚癌のデータは 3 群であるので，各群における観察死亡数と期待死亡数の差の順位統計量は

$$\underline{u}^T = [u_1\ u_2\ u_3]$$

と表せ，その分散共分散行列は

$$\underline{V} = \begin{bmatrix} V_{11} & V_{12} & V_{13} \\ V_{12} & V_{22} & V_{23} \\ V_{13} & V_{23} & V_{33} \end{bmatrix}$$

と表現できる．例えば，中用量群（30 nmol 投与）と低用量群（10 nmol 投与）の比較を行いたい場合，中用量群のスコア u_2 と低用量群のスコア u_1 の差の 2 乗とその分散共分散

$$\begin{bmatrix} V_{11} & V_{12} \\ V_{12} & V_{22} \end{bmatrix}$$

を用いて，χ^2 統計量

$$\chi^2_{12} = \frac{(u_2 - u_1)^2}{V_{11} + V_{22} - 2V_{12}} \qquad (2.2.6)$$

を計算する．

プログラム 2.2.3 のように，STRATA 文のオプションにおいて，ADJUST = TUKEY を指定すると，デフォルトである DIFF = ALL として処理され，出力 2.2.4 のように Tukey-Kramer とラベルされたテューキー法による p 値が求まる．中用量群（30 nmol 投与）と低用量群（10 nmol 投与）および高用量群（90 nmol 投与）と低用量群（10 nmol 投与）においては，多重性調整を行っても p 値は有意となった．なお，出力 2.2.4 に示されている p 値のうち，未加工とラベルされているのが未調整 p 値に対応する．

(2.2.6) 式および出力 2.2.3 の結果を用いて，中用量群 (30 nmol) と低用量群 (10 nmol) の比較に対応する χ^2 統計量は

プログラム 2.2.3　LIFETEST プロシジャによる多重比較（テューキー法）

```
proc lifetest data=Scancer notable;
  time Time*Censor(0);
  strata Dose / test=logrank adjust=tukey;
run;
```

出力 2.2.3　ログランク検定（包括検定）による解析結果

順位統計量

Dose	ログランク
10	-13.863
30	4.814
90	9.048

ログランク検定の共分散行列

Dose	10	30	90
10	10.2810	-5.7934	-4.4875
30	-5.7934	9.0072	-3.2138
90	-4.4875	-3.2138	7.7013

層に対しての同等性の検定

検定	カイ 2 乗値	自由度	Pr > Chi-Square
ログランク	20.2565	2	<.0001

出力 2.2.4　テューキー法を用いたログランク検定による解析結果

多重比較の調整：Logrank 検定

層比較		カイ 2 乗値	p 値	
Dose	Dose		未加工	Tukey-Kramer
10	30	11.2982	0.0008	0.0022
10	90	19.4717	<.0001	<.0001
30	90	0.7748	0.3787	0.6528

$$\chi_{12}^2 = \frac{(u_2 - u_1)^2}{V_{11} + V_{22} - 2V_{12}}$$
$$= \frac{\{4.814 - (-13.863)\}^2}{10.2810 + 9.0072 - 2 \cdot (-5.7934)} = 11.2982$$

と求まり，自由度1のカイ2乗分布で11.2982以上の値が出る確率が未調整のp値に該当する．一般化して，群iと群jを比較する場合，カイ2乗統計量は以下のように計算される．

$$\chi_{ij}^2 = \frac{(u_j - u_i)^2}{V_{jj} + V_{ii} - 2V_{ij}}$$

このカイ2乗統計量を利用し，調整p値を計算することができる．図表2.2.3のように，シダック法やボンフェローニ法は検定回数mを使って調整p値が求まる．

テューキー法の調整p値は，多重比較の調整p値を計算するためのPROBMC関数を利用して求めることができる．カイ2乗統計量χ_{ij}^2の平方根をとったZ統計量z_{ij}を用いると，調整p値は

$$1 - \text{probmc}(\text{"RANGE"}, \sqrt{2}z_{ij}, ., ., \text{比較する群の数})$$

で算出される．PROBMC関数の第1引数でスチューデント化された範囲の分布を指定し，第2引数で分布のパーセント点を指定している．第2引数を指定する代わりに第3引数で分布の左側確率を指定することも可能である．第2引数を指定しているため，第3引数は欠測としている．第4引数を欠測とすることで，自由度を∞としている．最後に第5引数で比較する群の数を指定する．

プログラム2.2.4を実行させれば，LIFETESTプロシジャで算出される調整p値とPROBMC関数で計算される結果が一致することを確認できる．

さらに，プログラム2.2.3のSTRATA文を次のように書き換えると，シミュレーション法を実行でき，出力2.2.5〜2.2.7の出力結果が得られる．

```
strata Dose / test = logrank
        adjust = simulate(report seed = 4989);
```

シミュレーション法では，シミュレーションを行い，最小p値の分布を求めている．シミュレーション回数は12605回で実施される．目標有意水準を

プログラム 2.2.4　PROBMC 関数による調整 p 値の確認（テューキー法）

```
ods output SurvDiff=SurvDiff;
proc lifetest data=Scancer notable;
  time Time*Censor(0);
  strata Dose / test=logrank adjust=tukey;
run;
data SurvDiff;set SurvDiff;
  z=sqrt(ChiSq);
  adjp=1−probmc("RANGE",sqrt(2)*z,.,.,3);
run;
```

出力 2.2.5　シミュレーション法による各手法における棄却限界値

手法	95% 分位点	推定アルファ	99%信頼限界	
	シミュレーション結果			
Simulated	2.349061	0.0500	0.0450	0.0550
Tukey-Kramer	2.343701	0.0506	0.0456	0.0556
Bonferroni	2.393980	0.0447	0.0400	0.0495
Sidak	2.387738	0.0453	0.0405	0.0501
GT-2	2.387738	0.0453	0.0405	0.0501
Scheffe	2.447747	0.0383	0.0339	0.0427
Z	1.959964	0.1196	0.1122	0.1271

出力 2.2.6　シミュレーション法を用いたログランク検定による解析結果

多重比較の調整：Logrank 検定

層比較		カイ 2 乗値	p 値	
Dose	Dose		未加工	Simulated
10	30	11.2982	0.0008	0.0023
10	90	19.4717	<.0001	<.0001
30	90	0.7748	0.3787	0.6514

決めた場合，実際に得られる有意水準にはシミュレーションによる推定誤差がある．その推定誤差を γ 以内にする確率を $100(1-\varepsilon)\%$ で保証するようにシミュレーション回数が決定される（詳しくは後述）．

シミュレーション法の REPORT オプションを用いると，出力 2.2.5 のような各方法における棄却限界値が示される．シミュレーション回数を無限大

出力 2.2.7　シミュレーションの詳細

確率点シミュレーションの詳細	
乱数シード	4989
比較型	All
標本サイズ	12605
ターゲット アルファ	0.05
精密の半径	0.005
精度の信頼度	0.99

にすれば，解析的に計算されたテューキー法とシミュレーション法は一致する．このシミュレーションによって，シダック法やボンフェローニ法がどの程度保守的になっているか確認できる．

出力 2.2.7 におけるシミュレーション回数 $N = 12605$ は，目標有意水準と推定有意水準 $\hat{\alpha}$ の差を γ 以下にすることを 99% の確率で保証するように設定される．推定誤差を γ 以内にする確率を $100(1-\varepsilon)\%$ で保証することを式で書けば次のようになる．

$$\Pr\left[(\hat{\alpha} - \alpha) \leq \gamma\right] = 1 - \varepsilon$$

このとき，$\hat{\alpha}$ の分散は $\alpha(1-\alpha)/N$ となるため，$\hat{\alpha}$ の信頼区間幅は

$$z_{\varepsilon/2}\sqrt{\frac{\alpha(1-\alpha)}{N}} = \gamma \quad (z_{\varepsilon/2} = z_{0.01/2} \fallingdotseq 2.58)$$

を満たす．ただし，z_κ は標準正規分布の上側 $100 \cdot \kappa\%$ 点である．したがって，精度の信頼水準 $100(1-\varepsilon)\% = 99\%$，精密度（精密の半径）$\gamma = 0.005$，目標有意水準 $\alpha = 0.05$ と固定して，N について解くと，

$$N = \frac{z_{\varepsilon/2}^2}{\gamma^2}\alpha(1-\alpha) \fallingdotseq \frac{2.58^2}{0.005^2}0.05(1-0.05) \fallingdotseq 12605$$

となり，シミュレーション回数のデフォルトは 12605 回と設定されていることが導かれる．

第3章
コックス回帰によるハザード比の推定とその拡張（PHREGプロシジャ）

　コックス (Cox) 回帰とは，比例ハザードモデル (proportional hazard model) と呼ばれるモデルを前提として，意味のある情報を抽出しやすいように複雑な生存時間データをまとめる方法である．SAS のプロシジャ名である PHREG (Proportional Hazard REGression) の名称もこれに由来する．比例ハザードモデルは，共変量の値がベクトル $\underline{z}_i = [z_{i1}\ z_{i2}\ \cdots\ z_{ip}]^T$ で表される個体 i のハザード関数（瞬間死亡率：$h(\underline{z}_i, t)$）に次式を想定する．

$$h(z_i, t) = h_0(t) \cdot \exp(\underline{\beta}^T \underline{z}_i)$$
$$= h_0(t) \cdot \exp(\beta_1 z_{i1} + \beta_2 z_{i2} + \cdots + \beta_p z_{ip})$$

ここで $h_0(t)$ は，$\underline{z}_i$ が 0 ベクトルとなる基準人ともいうべき対象のハザード関数（基準ハザード関数）であり，$\underline{\beta} = [\beta_1\ \beta_2\ \cdots\ \beta_p]^T$ が推定すべき未知パラメータである．共変量の影響が，基準人のハザードに $\exp(\underline{\beta}^T \underline{z}_i)$ 倍という比例定数の形で影響するため比例ハザードモデルと呼ばれる．

　また，(1.2.3) 式より，比例ハザードモデルは生存関数 $S(\underline{z}_i, t)$ でモデル化することも可能である．

$$
\begin{aligned}
S(\underline{z}_i, t) &= \exp\left(-\int_0^t h(z_i, u)du\right) \\
&= \exp\left(-\int_0^t h_0(u) \cdot \exp(\underline{\beta}^T \underline{z}_i)du\right) \\
&= \left[\exp\left(-\int_0^t h_0(u)du\right)\right]^{\exp(\underline{\beta}^T \underline{z}_i)} \\
&= S_0(t)^{\exp(\underline{\beta}^T \underline{z}_i)}
\end{aligned}
$$

ただし，$S_0(t)$ は $\underline{z}_i$ が 0 ベクトルとなる基準人ともいうべき対象の生存関数（基準生存関数）である．共変量の値がベクトル $\underline{z}_i$ で表される個体 i の生存関数は基準生存関数の $\exp(\underline{\beta}^T \underline{z}_i)$ 乗という形で表記できる．

コックス回帰では部分尤度を最大にするようにパラメータ $\underline{\beta}$ が推定される（部分尤度については大橋・浜田 (1995) 3.1 節を参照されたい）．PHREG プロシジャでは，反復計算（ニュートン・ラフソン法）によって部分尤度を最大にするようにパラメータを推定し，通常の尤度原理に基づいた，漸近的には同等の 3 種の検定法（尤度比検定，ワルド (Wald) 検定，ラオ (Rao) のスコア検定）を適用する．

比例ハザードモデルの最大の特徴は，ハザード比が時点によらないことである（比例ハザード性と呼ぶ）．個体 1 と 2 の共変量ベクトルをそれぞれ $\underline{z}_1$ と $\underline{z}_2$ とすると，個体間の任意の時点のハザード比は次式で表すことができる．

$$
\frac{h(\underline{z}_1, t_A)}{h(\underline{z}_2, t_A)} = \frac{h(\underline{z}_1, t_B)}{h(\underline{z}_2, t_B)} = \frac{\exp(\underline{\beta}^T \underline{z}_1)}{\exp(\underline{\beta}^T \underline{z}_2)}
$$

このように比をとることによって基準ハザード関数 ($h_0(t)$) が相殺されることから，ハザード比がどの時点でも一定となる．時点 t_A で個体 1 のハザードが個体 2 の 2 倍であれば，時点 t_B でもやはり 2 倍になる．もちろん現実のデータでハザード比が時点によらず一定である保証はなく，比例ハザード性の仮定と実際のデータとの整合性は可能な限り確認する必要がある．時間が経過するにつれて，共変量の効果が変化する場合に，単純に比例ハザードモデルをあてはめてしまうと解釈を誤まることになりかねない．

比例ハザード性が仮定できれば，生存時間分布（基準ハザード関数）に特定の分布を仮定することなく共変量の効果を推定できることがコックス回帰の特徴である．共変量の効果についてはパラメトリックなモデルを想定するが，生存時間分布については仮定をおく必要がないという意味で，比例ハザードモデルはセミパラメトリックなモデルと呼ばれることがある．臨床医学の分野では，基準となる生存時間分布にどのような分布を仮定すべきか情報が十分でない場合が普通であり，基準生存時間分布を仮定する必要がない比例ハザードモデルは便利なモデルである．

比例ハザード性の評価の基礎となる手法が2重対数プロットである．簡単のため共変量が1つのみの場合を考えよう．共変量 z の値で層別して，2重対数プロット（縦軸：$\log(-\log S)$，横軸：$\log t$ のプロット）を作成すると，比例ハザード性の下では層間でプロットが垂直方向で平行になる．

なぜなら，共変量が z の個体の生存関数を $S(z,t)$ とし，累積ハザード関数を $H(z,t)$ とすると，(1.2.3) 式の関係より，

$$H(z,t) = \int_0^t h(z,u)du = \int_0^t h_0(u)\exp(\beta z)du$$
$$= \exp(\beta z) \cdot H_0(t)$$
$$S(z,t) = \exp(-H(z,t))$$
$$= \exp\{-\exp(\beta z) \cdot H_0(t)\}$$

となる．したがって

$$\log(-\log S(z,t)) = \beta z + \log H_0(t)$$

と書けるからである．

例えば z を薬物投与群を示す2値のダミー変数として，対照群なら $z=0$，薬物投与群なら $z=1$ とおくと，比例ハザード性が成立していれば，2群の間で $\log(-\log S)$ と $\log t$ あるいは t のプロットは平行になり，縦軸方向の距離は2値変数 z に対するコックス回帰の係数 β（層間のハザード比の対数）になる．

PHREG プロシジャの基本的な構文

PHREG プロシジャで単純にコックス回帰を行いたい場合には，PROC PHREG 文と MODEL 文だけを指定すればよいが，共変量のリストに分類変数が含まれる場合は CLASS 文が有用である．CLASS 文は MODEL 文の前に記述しなければならず，MODEL 文で指定する説明変数に含まれる分類変数を指定する．以下のプログラムでは CLASS 文と MODEL 文を指定している．

```
proc phreg data = データセット名;
  class 分類変数 (オプション) / オプション;
  model 時間変数*打ち切り変数 (打ち切り値リスト)
        = 共変量のリスト;
run;
```

CLASS 文では以下の通り，多くのオプションが指定できる．

CLASS 文のオプション

・ORDER = 　分類変数の水準に対する順序を指定する．

　　　DATA 　入力データセットのオブザベーション順

　　　FORMATTED 　外部フォーマット順

　　　FREQ 　頻度の多い水準順

　　　INTERNAL 　アンフォーマット順

デフォルトは ORDER = FORMATTED である．例えば，第 2 章の Gehan のデータの変数 DRUG (DRUG = 0, 1) とそのフォーマット (0：CONTROL, 1：6-MP) に対して考えると，ORDER = INTERNAL だと 0, 1 の順になる．しかし，ORDER = FORMATTED と指定すると，6-MP (DRUG = 1)，CONTROL (DRUG = 0) の順となる．

- DESCENDING | DESC　分類変数の水準に対する順序を逆にする．
  ORDER オプションとともに指定した場合は，ORDER オプションが優先される．
- REF =　次の PARAM オプションにおいて PARAM = EFFECT | REF を指定する場合の対照群を指定する．

  'level'　分類変数に含まれる水準'level' を対照とする．

  FIRST　順序で最初の水準を対照とする．

  LAST　順序で最後の水準を対照とする．デフォルトである．
- PARAM =　分類変数に対するダミー変数化方法を指定する．REF, EFFECT, GLM がよく用いられる．例として，4水準の値をとる分類変数（値として 1, 2, 3, 4 が含まれている場合）を説明変数としたモデル

$$h(z_i, t) = h_0(t) \cdot \exp(\beta_1 z_{i1} + \beta_2 z_{i2} + \beta_3 z_{i3} + \beta_4 z_{i4})$$

を考えると，それぞれの指定に対して図表 3.1 のようなデザイン行列が指定される（浜田，2000）．

図表 3.1　PARAM オプションで指定できる代表的なデザイン行列

PARAM =	デザイン行列
REF	$\begin{bmatrix} 1 & 0 & 0 \\ 0 & 1 & 0 \\ 0 & 0 & 1 \\ 0 & 0 & 0 \end{bmatrix}$
EFFECT	$\begin{bmatrix} 1 & 0 & 0 \\ 0 & 1 & 0 \\ 0 & 0 & 1 \\ -1 & -1 & -1 \end{bmatrix}$
GLM	$\begin{bmatrix} 1 & 0 & 0 & 0 \\ 0 & 1 & 0 & 0 \\ 0 & 0 & 1 & 0 \\ 0 & 0 & 0 & 1 \end{bmatrix}$

REFERENCE | REF　REF オプションで REF = FIRST を指定した場合は $\beta_1 = 0$ が制約式，REF = LAST を指定した場合は $\beta_4 = 0$ が制約式となるようにダミー変数化を行う．
EFFECT　対照群との対比によるダミー変数化を行う．PARAM = REF と同様に，REF オプションで対照群を指定できる．
GLM　パラメータに制約を置かないダミー変数化を行う．

PHREG プロシジャのデフォルトは PARAM = REF である．GENMOD プロシジャや LOGISTIC プロシジャなど，一般化線型モデルによる解析を行うためのその他のプロシジャにおいても同様の考え方でデザイン行列を指定できる．ただし，プロシジャによってデフォルトが異なるので注意しなければならない（吉田・魚住，2014）．

3.1　PHREG プロシジャによる様々な線型仮説に対する検討

バージョン 9.3 から PHREG プロシジャに追加された LSMEANS 文，LSMESTIMATE 文，ESTIMATE 文の機能を用いて，コックス回帰の結果から，様々な線型仮説に対する検討が可能となる．

LSMEANS 文

以下の指定で効果を表す変数（固定効果）に対する「最小二乗平均」を求める．なお，GLM プロシジャからの類推で LSMEANS（最小二乗平均）という用語が使われているが，推定はもちろん最尤法で行われており，この推定により水準間のすべての対比較の検定が実施される設計となっている（後述の例を参照）．

```
lsmeans 効果を表す変数 / オプション;
```

CLASS 文で，PARAM = GLM として分類変数のダミー変数化を行う必要がある．PHREG プロシジャ以外にも，GENMOD プロシジャなどの一般

化線型モデルによる解析を行うための多くのプロシジャで実装されている．GLM プロシジャでは，以前のバージョンから実行可能であった機能である．GLM プロシジャでの基本的な使い方は，高橋ら (1989) の解説を参照されたい．また，GLM プロシジャにおける LSMEANS 文の最新の機能拡張については，魚住 (2014) を参照されたい．

LSMESTIMATE 文

以下の指定で効果を表す変数（固定効果）に対する「最小二乗平均」の結果のうち，特定の線型仮説の推定値やその信頼区間を求める．

> lsmestimate 効果を表す変数 'ラベル' 対比のリスト / オプション;

LSMEANS 文と同様に，CLASS 文で PARAM = GLM として分類変数のダミー変数化を行う必要があり，GENMOD プロシジャなどの一般化線型モデルによる解析を行うための多くのプロシジャで実装されている．ただし，GLM プロシジャではサポートされていない．LSMESTIMATE 文では，LSMEANS 文と異なり，特定の効果を表す変数の水準に対する対比係数を指定しなければならない．

ESTIMATE 文

以下の指定で効果を表す変数（固定効果）に対する推定結果のうち，特定の線型仮説の推定値やその信頼区間を求める．

> estimate 'ラベル' 効果を表す変数対比のリスト / オプション;

固定効果に対する「最小二乗平均」の結果のうち，特定の仮説検定の結果を得る．LSMEANS 文と同様に，CLASS 文で PARAM = GLM として分類変数のダミー変数化を行う必要があり，GENMOD プロシジャなどの一般化線型モデルによる解析を行うための多くのプロシジャで実装されている．LSMESTIMATE 文と同様に，効果を表す変数の水準に対する対比係数を明示的に指定しなければならない．さらに，LSMESTIMATE 文と異なり，推定

したい変数以外に対しても対比係数を明示的に指定しなければならない（後述の例で説明する）．

LSMEANS，LSMESTIMATE，ESTIMATE のオプション

- E 各パラメータにどのような対比係数を掛けて推定結果が得られたか対比係数が出力される．
- EXP 推定値に対する exp(推定値) を出力する．PHREG プロシジャではハザード比に相当する．
- CL 推定値の信頼区間を求める．デフォルトは 95%信頼区間が出力される．EXP を指定すれば，exp(推定値) の信頼区間も出力される．
- ADJUST | ADJ = p 値を調整する多重比較法を指定する．指定できる方法は LIFETEST プロシジャと同様である（2.2.2 項参照）．

肺癌のデータ（データセット名：VALung）を用いて解説を行う．このデータの評価項目は死亡までの時間（日）（変数名：Time）で，打ち切りを示す変数が Censor（打ち切りであれば 1，死亡であれば 0）である．図表 1.3.5 に示した通り，主な共変量として治療法（変数名：Therapy），組織型（変数名：Cell），既往歴（変数名：Prior），年齢（変数名：Age），診断からランダム化までの期間（月）（変数名：Duration），カルノフスキー（Karnofsky）の Performance Scale（変数名：Kps）が得られている．治療法は 2 水準（Therapy = 'test'「試験治療」，'standard'「標準治療」）の分類変数で，組織型は 4 水準（Cell = 'adeno'「腺癌」，'small'「小細胞癌」，'large'「大細胞癌」，'squamous'「扁平上皮癌」），既往歴は有無（Prior = 0「無」，1「有」）の分類変数である．カルノフスキーの Performance Scale は 0 から 100 をとる連続量である．

このデータに対して，組織型別のカプラン・マイヤー曲線を描くと出力 3.1.1 のようになる．出力 3.1.1 の図は，LIFETEST プロシジャの結果を用いて SGPLOT プロシジャで作成している．プログラム 3.1.1 の SGPLOT プロシジャの STEP 文で，CURVELABEL を指定することで，GROUP = で指定した変数の値が各プロットに付けられる．LIFETEST プロシジャの STRATA

文で変数 Cell を指定して作成されたデータセット Survivalplot であるため，STEP 文の GROUP = で指定している変数 Stratum には，変数 Cell に含まれていた文字変数の情報が自動的に保持されるのである．その結果，出力 3.1.1 のようにプロット上に組織型を表す 4 水準の凡例が表示される．

プログラム 3.1.1 と同じように，STRATA 文で変数 Therapy を指定することで，組織型の代わりに治療別のカプラン・マイヤー曲線を描くことも可

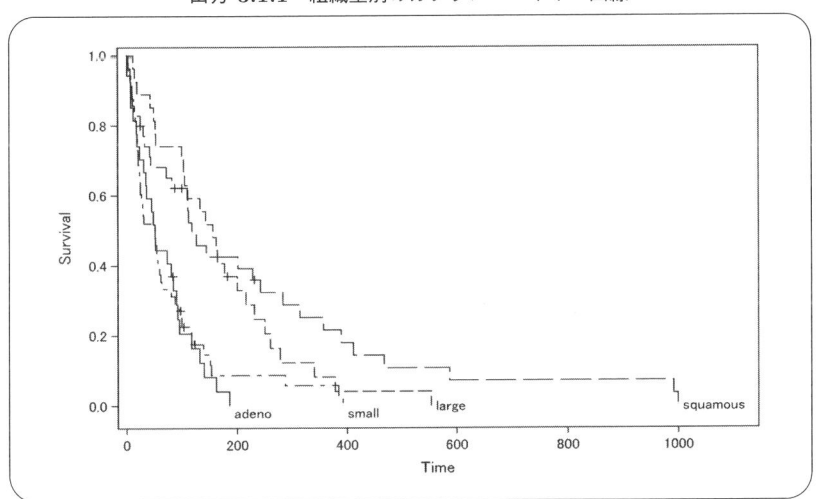

出力 3.1.1　組織型別のカプラン・マイヤー曲線

プログラム 3.1.1　組織型別のカプラン・マイヤー曲線作成プログラム

```
ods listing close;
ods graphics on;
ods output Survivalplot=Survivalplot;
proc lifetest data=VALung;
  time Time*Censor(1);
  strata Cell;
run;
proc sgplot data=Survivalplot noautolegend;
  step x=Time y=Survival / group=Stratum curvelabel name="Survival";
  scatter x=Time y=Censored / group=Stratum markerattrs=(symbol=plus);
  yaxis values=(0 to 1 by 0.2) label="Survival";
run;
```

3.1　PHREG プロシジャによる様々な線型仮説に対する検討

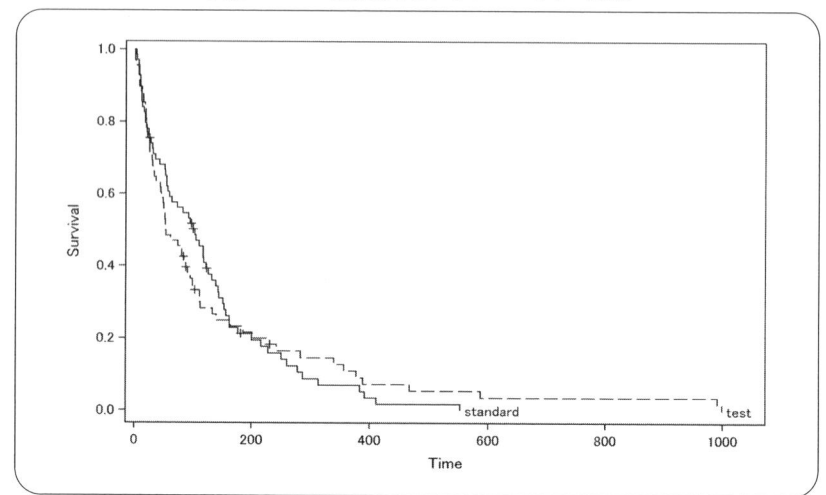

出力 3.1.2 治療別のカプラン・マイヤー曲線

能である (出力 3.1.2).

さらに, プログラム 3.1.2 により, SGPANEL プロシジャで組織型ごとに治療別のカプラン・マイヤー曲線を描くこともできる (出力 3.1.3). このとき, 出力 3.1.2 のように治療間に違いがあるか, 出力 3.1.3 のように組織型によるサブグループごとに治療間の違いがあるか, といった検討を定量的に行いたいとしよう. 比例ハザードモデルによって上述の検討を行う場合, PHREG プロシジャでどのようにプログラムを記述すればよいだろうか.

この例では, PHREG プロシジャの MODEL 文における説明変数として, Cell, Therapy, Cell*Therapy (Cell と Therapy の交互作用) を含んだ, 図表 3.1.1 のような二元配置モデルを考える.

プログラム 3.1.2　各組織型における治療別のカプラン・マイヤー曲線作成プログラム

```
proc sort data=VALung out=out;
  by Cell;
run;
ods listing close;
ods graphics on;
ods output Survivalplot=Survivalplot;
proc lifetest data=out;
  time Time*Censor(1);
  strata Therapy;
  by Cell;
run;
proc sgpanel data=Survivalplot noautolegend;
  panelby Cell / novarname;
  step x=Time y=Survival / group=Stratum curvelabel name="Survival";
  scatter x=Time y=Censored / group=Stratum markerattrs=(symbol=plus);
  rowaxis values=(0 to 1 by 0.2) label="Survival";
run;
```

出力 3.1.3　各組織型における治療別のカプラン・マイヤー曲線

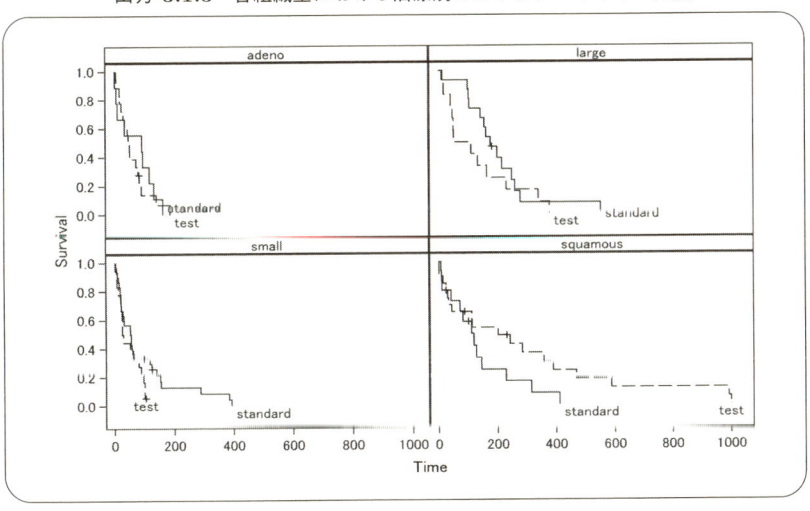

ここで，以下のようなハザード関数

$$h_{ij}(t) = h_0(t) \cdot \exp[\alpha_i + \beta_j + (\alpha\beta)_{ij}]$$

3.1　PHREG プロシジャによる様々な線型仮説に対する検討　　93

図表 3.1.1　想定する二元配置モデル

Cell	Therapy standard (β_1)	test (β_2)	
adeno (α_1)	$\mu_{11}(\alpha\beta_{11})$	$\mu_{12}(\alpha\beta_{12})$	$\mu_{1\cdot}$
large (α_2)	$\mu_{21}(\alpha\beta_{21})$	$\mu_{22}(\alpha\beta_{22})$	$\mu_{2\cdot}$
small (α_3)	$\mu_{31}(\alpha\beta_{31})$	$\mu_{32}(\alpha\beta_{32})$	$\mu_{3\cdot}$
squamous (α_4)	$\mu_{41}(\alpha\beta_{41})$	$\mu_{42}(\alpha\beta_{42})$	$\mu_{4\cdot}$
	$\mu_{\cdot 1}$	$\mu_{\cdot 2}$	$\mu_{\cdot\cdot}$

に対する対数線型モデル μ_{ij} を考える．

$$\mu_{ij} = \log h_{ij}(t) = \mu + \alpha_i + \beta_j + (\alpha\beta)_{ij},$$
$$i = 1, 2, 3, 4, j = 1, 2$$

ただし，$\mu = \log h_0(t)$ とする．

データセット VALung に対して，図表 3.1.1 の交互作用を含む二元配置モデルで解析を行う場合，プログラム 3.1.3 のように LSMEANS 文で交互作用項 Cell*Therapy を指定すると，交互作用項の「最小二乗平均」の差として出力 3.1.4 の結果が得られる．変数 Cell が 4 水準，変数 Therapy が 2 水準となり，計 8 水準の中から 2 群を選ぶので，${}_8C_2 = 28$ 通りの比較の結果が得られている．

プログラム 3.1.3　**LSMEANS** 文による交互作用項の推定

```
ods select Diffs;
proc phreg data=VALung;
  class Cell Therapy / param=glm;
  model Time*Censor(1) = Cell Therapy Cell*Therapy;
  lsmeans Cell*Therapy / exp;
run;
```

このとき，出力 3.1.4 の推定値はどのように計算されたのだろうか．例えば，第 3 行 1 列の μ_{31} のセル平均と第 3 行 2 列の μ_{32} のセル平均に差があるかどうかを調べる場合を考えると，直接の比較は $(\alpha\beta)_{31}$ と $(\alpha\beta)_{32}$ を比較すれば良さそうである．そこで，ESTIMATE 文および LSMESTIMATE 文を使った記述例をプログラム 3.1.4 に示す．

出力 3.1.4　LSMEANS 文による推定結果

Cell	Therapy	_Cell	_Therapy	推定値	標準誤差	z 値	Pr > |z|	指数
adeno	standard	adeno	test	−0.1455	0.4149	−0.35	0.7259	0.8646
adeno	standard	large	standard	1.0733	0.4357	2.46	0.0138	2.9250
adeno	standard	large	test	0.5972	0.4476	1.33	0.1822	1.8170
adeno	standard	small	standard	0.2824	0.3880	0.73	0.4667	1.3263
adeno	standard	small	test	−0.3981	0.4174	−0.95	0.3402	0.6716
adeno	standard	squamous	standard	0.6703	0.4395	1.53	0.1272	1.9548
adeno	standard	squamous	test	1.4199	0.4452	3.19	0.0014	4.1369
adeno	test	large	standard	1.2188	0.3752	3.25	0.0012	3.3830
adeno	test	large	test	0.7426	0.3871	1.92	0.0551	2.1014
adeno	test	small	standard	0.4279	0.3149	1.36	0.1742	1.5340
adeno	test	small	test	−0.2527	0.3451	−0.73	0.4641	0.7767
adeno	test	squamous	standard	0.8158	0.3780	2.16	0.0309	2.2609
adeno	test	squamous	test	1.5654	0.3850	4.07	<.0001	4.7846
large	standard	large	test	−0.4761	0.3907	−1.20	0.2300	0.6212
large	standard	small	standard	−0.7909	0.3329	−2.38	0.0175	0.4534
large	standard	small	test	−1.4714	0.3824	−3.85	0.0001	0.2296
large	standard	squamous	standard	−0.4030	0.3882	−1.04	0.2992	0.6683
large	standard	squamous	test	0.3466	0.3794	0.91	0.3609	1.4143
large	test	small	standard	−0.3147	0.3471	−0.91	0.3645	0.7300
large	test	small	test	−0.9953	0.3930	−2.53	0.0113	0.3696
large	test	squamous	standard	0.07315	0.4022	0.18	0.8557	1.0759
large	test	squamous	test	0.8228	0.4002	2.06	0.0398	2.2768
small	standard	small	test	−0.6805	0.3199	−2.13	0.0334	0.5063
small	standard	squamous	standard	0.3879	0.3371	1.15	0.2499	1.4739
small	standard	squamous	test	1.1375	0.3362	3.38	0.0007	3.1190
small	test	squamous	standard	1.0684	0.3829	2.79	0.0053	2.9108
small	test	squamous	test	1.8181	0.3917	4.64	<.0001	6.1599
squamous	standard	squamous	test	0.7496	0.3894	1.93	0.0542	2.1162

プログラム 3.1.4　ESTIMATE 文と LSMESTIMATE 文による $(\alpha\beta)_{31} - (\alpha\beta)_{32}$

```
proc phreg data=VALung;
  class Cell Therapy / param=glm;
  model Time*Censor(1) = Cell Therapy Cell*Therapy;
  estimate "small: standard vs. test"
      Cell*Therapy 0 0 0 0 1 −1 0 0 / exp e;
  lsmestimate Cell*Therapy "small: standard vs. test"
      0 0 0 0 1 −1 0 0 / exp e;
run;
```

Cell*Therapy に対して，順番からいうと 5 番目が $(\alpha\beta)_{31}$，6 番目が $(\alpha\beta)_{32}$ であるので，この箇所に 1 と −1 が指定してある．プログラム 3.1.4 を実行す

3.1　PHREG プロシジャによる様々な線型仮説に対する検討　　95

ると，出力 3.1.5 の結果が得られ，α, β, $(\alpha\beta)$ の推定値がそれぞれ得られる．このとき，最尤推定値の分析と出力された表における推定結果から，$(\alpha\beta)_{31}$ と $(\alpha\beta)_{32}$ の差は -1.43016 となる．

出力 3.1.5 **ESTIMATE** 文と **LSMESTIMATE** 文による推定結果

パラメータ			自由度	パラメータ推定値	標準誤差	カイ2乗値	Pr > ChiSq	ハザード比
Cell	adeno		1	1.56539	0.38499	16.5326	<.0001	.
Cell	large		1	0.82278	0.40021	4.2267	0.0398	.
Cell	small		1	1.81806	0.39165	21.5481	<.0001	.
Cell	squamous		0	0	.	.	.	.
Therapy	standard		1	0.74962	0.38938	3.7064	0.0542	.
Therapy	test		0	0	.	.	.	.
Cell*Therapy	adeno	standard	1	−0.89508	0.56925	2.4724	0.1159	.
Cell*Therapy	adeno	test	0	0	.	.	.	.
Cell*Therapy	large	standard	1	−1.22577	0.56045	4.7835	0.0287	.
Cell*Therapy	large	test	0	0	.	.	.	.
Cell*Therapy	small	standard	1	−1.43016	0.51127	7.8246	0.0052	.
Cell*Therapy	small	test	0	0	.	.	.	.
Cell*Therapy	squamous	standard	0	0	.	.	.	.
Cell*Therapy	squamous	test	0	0	.	.	.	.

・ESTIMATE 文

推定値	標準誤差	z 値	Pr > $|z|$	指数
Non-est	.	.	.	.

・LSMESTIMATE 文

Least Squares Means Estimate

効果	推定値	標準誤差	z 値	Pr > $|z|$	指数
Cell*Therapy	−0.6805	0.3199	−2.13	0.0334	0.5063

しかし，ESTIMATE 文では "Non-est"「推定不能」とエラーが出力される．一方，LSMESTIMATE 文では推定値は出力されるが，-1.43016 とは異なった値が得られる．

LSMESTIMATE 文の E オプションを指定すると，セル平均の比較を行うにあたって，各パラメータにどのような対比係数を掛けたかが出力される．出力 3.1.6 に示したように，実は μ_{31} と μ_{32} の差を推定するには交互作用項だけでなく，主効果についても考慮しなければならず，数理的には (3.1.1) 式からセル平均の差を計算している．

出力 3.1.6 LSMESTIMATE 文の E オプションの出力結果

パラメータ	Cell	Therapy	Row1
Celladeno	adeno		
Celllarge	large		
Cellsmall	small		
Cellsquamous	squamous		
Therapystandard		standard	1
Therapytest		test	−1
CelladenoTherapystandard	adeno	standard	
CelladenoTherapytest	adeno	test	
CelllargeTherapystandard	large	standard	
CelllargeTherapytest	large	test	
CellsmallTherapystandard	small	standard	1
CellsmallTherapytest	small	test	−1
CellsquamousTherapystandard	squamous	standard	
CellsquamousTherapytest	squamous	test	

Coefficients for Cell*Therapy Least Squares Means Estimate

$$\mu_{31} = \mu + \alpha_3 + \beta_1 + (\alpha\beta)_{31}$$
$$\mu_{32} = \mu + \alpha_3 + \beta_2 + (\alpha\beta)_{32}$$
$$\mu_{31} - \mu_{32} = \beta_1 - \beta_2 + (\alpha\beta)_{31} - (\alpha\beta)_{32} \tag{3.1.1}$$

(3.1.1) 式より，μ_{31} と μ_{32} の差を推定するときには，μ と α_3 はキャンセルアウトされるが，β_1 と β_2 は残ってしまうため，主効果も指定しなければならないことになる．ESTIMATE 文では，すべての対比係数が 0 の場合は指定の必要はないが，0 でない対比係数は基本的にすべて指定しなければならない設計となっている．正しい指定方法として，プログラム 3.1.4 における ESTIMATE 文の指定をプログラム 3.1.5 のように変更する．このプログラムが (3.1.1) 式に対応する．

プログラム 3.1.5 の表記で ESTIMATE 文を記載すれば，出力 3.1.5 における LSMESTIMATE 文と同様の結果が得られる．このように ESTIMATE 文は直接検討したい交互作用項だけでなく，主効果も指定しなければならない．一方，LSMESTIMATE 文は比較したい対象の交互作用項のみの指定ですむ．

プログラム 3.1.5　ESTIMATE 文による $(\alpha\beta)_{31} - (\alpha\beta)_{32}$ の推定

```
estimate "small: standard vs. test"
        Therapy 1 −1
        Cell*Therapy 0 0 0 0 1 −1 0 0 / exp e;
        (省略した場合は 0 として扱われる)
```

次に，腺癌と大細胞癌の比較，すなわち第 1 行の $\mu_{1\cdot}$ というセル平均と第 2 行の $\mu_{2\cdot}$ というセル平均に差があるかどうかを調べるとする．このとき，モデルは以下のようになる．

$$\mu_{11} = \mu + \alpha_1 + \beta_1 + (\alpha\beta)_{11}$$
$$\mu_{12} = \mu + \alpha_1 + \beta_2 + (\alpha\beta)_{12}$$
$$\mu_{21} = \mu + \alpha_2 + \beta_1 + (\alpha\beta)_{21}$$
$$\mu_{22} = \mu + \alpha_2 + \beta_2 + (\alpha\beta)_{22}$$
$$\mu_{1\cdot} - \mu_{2\cdot} = \frac{\mu_{11}+\mu_{12}}{2} - \frac{\mu_{21}+\mu_{22}}{2}$$
$$= \alpha_1 - \alpha_2 + \frac{(\alpha\beta)_{11}+(\alpha\beta)_{12}-(\alpha\beta)_{21}-(\alpha\beta)_{22}}{2}$$

主効果の比較として腺癌と大細胞癌の比較を考えると，上式より交互作用項が残ってしまう．したがって，プログラム 3.1.6 のように，ESTIMATE 文では対比係数を交互作用項を含めて明示的に指定しなければならない．これに対して，LSMESTIMATE 文では主効果のみの指定でよい．

プログラム 3.1.6　ESTIMATE, LSMESTIMATE, LSMEANS の構文の比較

```
estimate "adeno vs. large" Cell 1 −1 0 0
        Cell*Therapy 0.5 0.5 −0.5 −0.5 0 0 0 0 / exp cl;
        (省略した場合は 0 として扱われる)

lsmestimate Cell "adeno vs. large" 1 −1 0 0 / exp cl;   (Cell のみ指定)

lsmeans Cell / exp cl;    (対比係数の指定が不要)
```

出力 3.1.7 は，プログラム 3.1.6 に示した 3 つの構文による出力結果を示しており，Z 統計量や p 値の結果は紙面の都合上省略している．ESTIMATE，LSMESTIMATE, LSMEANS のいずれの文を用いても「最小二乗平均」の

差の推定値は 0.9080 となり，ハザード比を求めると exp(0.9080) = 2.479 となる．ハザード比の信頼区間も出力するために，それぞれの文のオプションとして，EXP に加えて CL も指定している．出力されるハザード比の両側 95%信頼区間は，出力 3.1.7 の「最小二乗平均」の差の推定値とその標準誤差より

$$\exp(0.9080 \pm 1.96 \times 0.2964) = (1.387, 4.432)$$

と構成される．

出力 3.1.7　ESTIMATE，LSMESTIMATE，LSMEANS による出力結果

・ESTIMATE 文

ラベル	推定値	標準誤差	下限 推定	上限	指数	Exponentiated Lower	Exponentiated Upper
adeno vs. large	0.9080	0.2964	0.3270	1.4889	2.4793	1.3869	4.4321

・LSMESTIMATE 文

効果	ラベル	推定値	標準誤差	下限	上限	指数	Exponentiated Lower	Exponentiated Upper
Cell	adeno vs. large	0.9080	0.2964	0.3270	1.4889	2.4793	1.3869	4.4321

・LSMEANS 文

Cell の最小 2 乗平均の差

Cell	_Cell	推定値	標準誤差	下限	上限	指数	Exponentiated Lower	Exponentiated Upper
adeno	large	0.9080	0.2964	0.3270	1.4889	2.4793	1.3869	4.4321
adeno	small	0.01488	0.2591	−0.4930	0.5227	1.0150	0.6108	1.6866
adeno	squamous	1.1179	0.2995	0.5309	1.7048	3.0583	1.7005	5.5002
large	small	−0.8931	0.2609	−1.4044	−0.3817	0.4094	0.2455	0.6827
large	squamous	0.2099	0.2773	−0.3336	0.7534	1.2335	0.7163	2.1243
small	squamous	1.1030	0.2611	0.5912	1.6147	3.0131	1.8062	5.0266

交互作用項を含むモデルの $\mu_{1 \cdot}$ と $\mu_{2 \cdot}$ の比較において，ESTIMATE 文ではプログラム 3.1.6 のような複雑な対比係数を指定しなければならない．非明示的なルールにしたがって，0 の場合は簡略も可能であるが，プログラムミスもしやすいといえる．これに対して，LSMEANS 文は対比係数を指定せずに単純に変数を指定するだけでよいが，交互作用項について推定する場合は，すべての組み合わせが推定されるため出力が冗長となってしまい，特定の群間比較のみを行いたい場合には柔軟性がないといえる．LSMESTIMATE 文

は ESTIMATE 文と LSMEANS 文の中間的な機能をもち, μ_1. と μ_2. の比較においては Therapy の対比係数のみの指定ですむ.

交通手段でたとえると, ESTIMATE 文はマニュアル型の自動車であり, 複雑な効果を複数指定することが可能であり, 柔軟な指定が可能であるが, 慣れないと面倒であり, ミスもしやすい. これに対して, LSMESTIMATE 文はオートマチック型の自動車であり, 1 つの効果のみの指定であるため簡便であり, 一度慣れてしまうとマニュアルに戻ることができない. そして, LSMEANS 文は路線バスであり, 不必要な項目を含めて決まりきった対比較の結果を網羅的に出力してしまい, 非効率である. よって, 著者らは LSMESTIMATE 文の利用を推奨する.

・位置依存型と位置非依存型の指定

ESTIMATE 文と LSMESTIMATE 文では推定したいパラメータに対して対比係数を指定しなければならないが, このとき対比係数の指定方法として, 位置依存型 (positional) と位置非依存型 (nonpositional) の 2 つが使用できる. 位置依存型はプログラム 3.1.5, 3.1.6 のように, 左から文字の相対順序によって, 対応するパラメータに対する対比係数を設定しなければならない. これに対する位置非依存型の指定例をプログラム 3.1.7 に示す.

プログラム **3.1.7** 位置非依存型の構文例 1

```
estimate "adeno vs. large" Cell [1, 1] [−1, 2] [0, 3] [0, 4]
     Cell*Therapy [0.5, 1 1] [0.5, 1 2] [−0.5, 2 1] [−0.5, 2 2]
                  [0, 3 1] [0, 3 2] [0, 4 1] [0, 4 2];

lsmestimate Cell "adeno vs. large" [1, 1] [−1, 2] [0, 3] [0, 4];
```

プログラム 3.1.7 の対比係数の指定順序について, 図表 3.1.1 におけるパラメータ α_i, β_j, $(\alpha\beta)_{ij}$ を用いて説明する. 主効果 Cell に対するパラメータは α_i であるので, 0 でない対比係数について [対比係数, i] と指定する. 交互作用項 Cell*Therapy に対するパラメータは $(\alpha\beta)_{ij}$ であるので, 0 でない対比係数について [対比係数, i j] と指定する. なお, 指定していない水

準については対比係数が0として処理される．パラメータの各水準の位置を
[ ] 内の第2引数で明示的に指定しているため，[ ] の指定順序は気にする
必要がない．例えば，プログラム3.1.8ではプログラム3.1.7と同様の結果が
得られる．このような意味合いで，位置非依存型と名付けられている．先ほ
ど，ESTIMATE文，LSMESTIMATE文，LSMEANS文の違いを交通手段
でたとえたが，今度は時計でたとえると，位置依存型はアナログ時計であり，
位置非依存型はデジタル時計といえるだろう．

プログラム **3.1.8** 位置非依存型の構文例 2

```
estimate "adeno vs. large" Cell [−1, 2] [1, 1]
    Cell*Therapy [−0.5, 2 2] [0.5, 1 1] [−0.5, 2 1] [0.5, 1 2];
      (省略した水準に対しては対比係数0として扱われる)

lsmestimate Cell "adeno vs. large" [1, 1] [−1, 2];
      (省略した水準に対しては対比係数0として扱われる)
```

以上のように，LSMESTIMATE文は比較対象の効果のパラメータのみの
指定でよいため簡便である．LSMESTIMATE文を用いると任意の対比につ
いての比較も可能で，用量反応関係を探索するために用いられる最大対比法
（3.3節参照）も実行できる．現在，LSMESTIMATE文はPHREGプロシ
ジャに限らず，MIXEDプロシジャやGENMODプロシジャなどのSASの
多くのプロシジャで利用可能である．

・**STORE文によるモデル情報の保存**

LSMEANS文，ESTIMATE文，LSMESTIMATE文では，モデル推定後
に様々な対比を求める．これらの指定を行いたいとき，PHREGプロシジャ
を実行すると，オブザベーション数が多い場合やモデル式が複雑である場合，
モデル推定に多くの時間を要することになる．

MODEL文から得られるモデル情報を用いて，ESTIMATE文やLSMES-
TIMATE文を複数記述して検討を行う場合，モデル情報を保存できるSTORE
文が有用である．PHREGプロシジャを実行する際にSTORE文を用いれ
ば，プロシジャから得られるモデル情報，すなわちアイテムストアとよばれ

リファイルとして保存できる．PLM プロシジャは，上記のようにして保存したモデル情報を呼び出し，統計量やグラフの表示などを行うことができる．モデル情報に基づく実行であるため，再度の入力データセットの参照，線型モデルのプロシジャを実行することなく，モデル推定後のプロセスを実行できる．

例えば，プログラム 3.1.5, 3.1.6 を実行する場合を考える．まず，プログラム 3.1.4 のような交互作用を含んだモデルを考え，パラメータ推定の結果を STORE 文で PHMODEL というバイナリファイルとして保存する．次に，PLM プロシジャの RESTORE 文を用いて，アイテムストアとして保存したモデル情報 PHMODEL を呼び出し，実行したい文を記述する．プログラム 3.1.9 は，STORE 文を用いて PHREG プロシジャのモデル情報を保存し，その後 PLM プロシジャを用いて様々な対比を求めるプログラムである．

プログラム 3.1.9　PLM プロシジャによる最小二乗平均の差の推定

```
proc phreg data=VALung;
  class Cell Therapy / param=glm;
  model Time*Censor(1) = Cell Therapy Cell*Therapy;
  store phmodel;
run;
proc plm restore=phmodel;
  estimate "small: standard vs. test" Therapy 1 −1
      Cell*Therapy 0 0 0 0 1 −1 0 0 / exp cl;
  lsmestimate Cell*Therapy
      "small: standard vs. test" 0 0 0 0 1 −1 0 0 / exp cl;
  estimate "adeno vs. large" Cell 1 −1 0 0
      Cell*Therapy 0.5 0.5 −0.5 −0.5 0 0 0 0 / exp cl;
  lsmestimate Cell "adeno vs. large" 1 −1 0 0 / exp cl;
  lsmeans Cell / exp cl;
run;
```

このようにして PLM プロシジャを用いると，PHREG プロシジャで推定されたモデル情報を呼び出し，統計量の算出，ODS GRAPHICS によるグラフ表示などを実施できる．同じモデル情報から様々な対比を求める場合，再度の入力データセットの参照，線型モデルプロシジャの実行が不要であり，大

変有用であるといえる.

なお,アイテムストアとして保存したモデル情報は,以下のプログラムを実行することによって確認できる.

```
proc plm restore=phmodel;
  show all;
run;
```

・**HAZARDRATIO 文によるハザード比**

ESTIMATE 文や LSMESTIMATE 文を利用することによって,群間比較を行うことができるが,単純にハザード比のみを求めたい場合,HAZARDRATIO 文を用いることが有用である (HAZARDRATIO 文はバージョン 9.2 から追加された). PHREG プロシジャの MODEL 文における説明変数として,0 から 100 の計量値をとる変数 Kps, 4 水準の組織型を表す変数 Cell, 2 水準の治療法を表す変数 Therapy, 2 水準の既往歴を表す変数 Prior, 交互作用項 Prior*Therapy を含んだモデルを考える. プログラム 3.1.10 では,HAZARDRATIO 文の構文と対応する ESTIMATE 文の構文を示している.

プログラム 3.1.10 より,ESTIMATE 文の方がはるかに複雑な構文が必要であることがわかる. 出力 3.1.8 は各効果に対する検定結果を示している. 計量データの Kps および Cell は有意であり,Prior*Therapy も有意に近い結果となった. 次に,各パラメータの推定結果を出力 3.1.9 に示した. 出力 3.1.9 に示されているハザード比は Kps が 1 単位変化したときの結果であり,パラメータ推定値 -0.03111 から $\exp(-0.03111) = 0.969$ と求まる. Cell については扁平上皮癌が対照水準なので,扁平上皮癌に対する腺癌のハザード比は $\exp(1.16052) = 3.192$ となる. また,腺癌と大細胞癌のハザード比を求める場合,腺癌と大細胞癌の推定値の差を求め,$\exp(1.16052 - 0.41145) = 2.115$ と計算される. このようにハザード比の点推定値のみ計算する場合,計算はそこまで難しくないが,信頼区間まで求める場合は厄介である.

HAZARDRATIO 文による結果を出力 3.1.10 に示す. オプションとして,CL = BOTH を指定することで 2 種類の信頼区間を構成することができる.

プログラム 3.1.10　HAZARDRATIO 文と ESTIMATE 文によるハザード比の推定

```
proc phreg data=VALung;
  class Prior Cell Therapy / param=glm;
  model Time*Censor(1) = Kps Cell Prior Therapy Prior*Therapy;
  hazardratio 'H1' Kps / units=10 cl=both;
  hazardratio 'H2' Cell / cl=both;
  hazardratio 'H3' Therapy / diff=ref cl=both;
  estimate 'E1' Kps 10 / exp cl;
  estimate 'E2: adeno vs. large' Cell 1 −1 0 0,
    'E2: adeno vs. small' Cell 1 0 −1 0,
    'E2: adeno vs. squamous' Cell 1 0 0 −1,
    'E2: large vs. small' Cell 0 1 −1 0,
    'E2: large vs. squamous' Cell 0 1 0 −1,
    'E2: small vs. squamous' Cell 0 0 1 −1 / exp cl;
  estimate 'E3: No Prior' Therapy 1 −1 Prior*Therapy 1 −1 0 0,
    'E3: Prior' Therapy 1 −1 Prior*Therapy 0 0 1 −1 / exp cl;
run;
```

出力 3.1.8　各効果に対する検定結果

効果	自由度	Wald カイ 2 乗	Pr > ChiSq
Kps	1	35.9218	<.0001
Cell	3	17.4134	0.0006
Prior	1	0.1150	0.7345
Therapy	1	0.2510	0.6164
Prior*Therapy	1	2.9269	0.0871

Type 3 検定

通常，信頼区間といえば最尤推定量に対して正規近似を行い，その標準誤差で左右対称に幅を付けたワルド検定ベースの信頼区間を構成する．しかし，尤度比検定で棄却されない母数の集合である尤度比検定ベースの信頼区間も構成することができる．

HAZARDRATIO 文で指定した変数 Kps は 0 から 100 の値をとるため，1 単位の値の変化はあまり意味がない．そこで，オプションとして UNITS = 10 を指定すると，10 単位増加したときのハザード比が求まる．1 単位でハザード比は 0.969 であったので，$0.969^{10} = 0.733$ と求まる．

出力 3.1.9　各パラメータの推定結果

パラメータ		自由度	最尤推定値の分析 パラメータ推定値	標準誤差	カイ2乗値	Pr > ChiSq	ハザード比
Kps		1	−0.03111	0.00519	35.9218	<.0001	0.969
Cell	adeno	1	1.16052	0.30002	14.9629	0.0001	3.192
Cell	large	1	0.41145	0.28309	2.1125	0.1461	1.509
Cell	small	1	0.85410	0.26894	10.0858	0.0015	2.349
Cell	squamous	0	0	.	.	.	.
Prior	no	1	0.27688	0.30490	0.8247	0.3638	.
Prior	yes	0	0	.	.	.	.
Therapy	standard	1	0.23772	0.35078	0.4593	0.4980	.
Therapy	test	0	0	.	.	.	.
Prior*Therapy	no standard	1	−0.69443	0.40590	2.9269	0.0871	.
Prior*Therapy	no test	0	0	.	.	.	.
Prior*Therapy	yes standard	0	0	.	.	.	.
Prior*Therapy	yes test	0	0	.	.	.	.

出力 3.1.10　HAZARDRATIO 文による推定結果

		H1: ハザード比 Kps			
説明	点推定値	95% Wald 信頼限界		95% プロファイル尤度による信頼限界	
Kps Unit=10	0.733	0.662	0.811	0.662	0.811

		H2: ハザード比 Cell			
説明	点推定値	95% Wald 信頼限界		95% プロファイル尤度による信頼限界	
Cell adeno vs large	2.115	1.164	3.843	1.162	3.855
Cell adeno vs small	1.359	0.798	2.312	0.791	2.301
Cell adeno vs squamous	3.192	1.773	5.746	1.770	5.768
Cell large vs small	0.642	0.385	1.073	0.380	1.065
Cell large vs squamous	1.509	0.866	2.628	0.863	2.634
Cell small vs squamous	2.349	1.387	3.980	1.399	4.030

		H3: ハザード比 Therapy			
説明	点推定値	95% Wald 信頼限界		95% プロファイル尤度による信頼限界	
Therapy standard vs test At Prior=0	0.633	0.400	1.002	0.399	1.002
Therapy standard vs test At Prior=1	1.268	0.638	2.522	0.641	2.565

なお，HAZARDRATIO 文では，3水準以上の変数を指定すると，デフォルトですべての群間の対比較のハザード比が求まる．特定の水準間のハザード比を推定したい場合，DIFF = REF を指定した上で REF = 'squamous' と指定すれば，扁平上皮癌に対するハザード比が求まる．

3.1　PHREG プロシジャによる様々な線型仮説に対する検討　　105

交互作用項 Prior*Therapy を含んだモデルで Therapy のハザード比を求める場合には，事前治療を表す変数 Prior の「なし (Prior = 0)」「あり (Prior = 1)」ごとにハザード比を出力できる．出力 3.1.10 の結果では，事前治療の有無によって治療効果が逆転していることがわかり，これが交互作用の原因であることが考察できる．

3.2　共変量および多重性の調整

3.1 節で，バージョン 9.3 から PHREG プロシジャに追加された LSMEANS 文，ESTIMATE 文，LSMESTIMATE 文の実行例を示した．これらの文では，オプションとして ADJUST＝ を指定できるため，共変量の影響の調整および検定の多重性の二重の調整を行うことができる．検定の多重性の調整方法については，2.2.2 項を参照されたい．3.1 節の肺癌のデータセット VALung において，プログラム 3.2.1 のように共変量を指定し，LSMEANS 文で変数 Cell を指定する．変数 Cell は 4 水準あり，テューキー法による多重性の調整を行う．このとき，各パラメータの推定結果を出力 3.2.1, 3.2.2 に示す．プログラム 3.2.1 では，ODS SELECT 文を用いて LSMEANS 文の結果のみ出力している．

プログラム 3.2.1　LSMEANS 文による共変量を調整した多重比較

```
ods graphics on;
ods select Diffs DiffPlot;
proc phreg data=VALung;
  class Prior Cell Therapy / param=glm;
  model Time*Censor(1) = Kps Cell Prior Therapy Prior*Therapy;
  lsmeans Cell / adjust=tukey cl exp;
run;
```

出力 3.2.1 は，LSMEANS 文による「最小二乗平均」の差の推定結果を示しており，紙面の都合上ハザード比とその 95％信頼区間のみを示している．出力 3.2.2 は ODS GRAPHICS によって出力されるグラフである．変数 Cell

出力 3.2.1 LSMEANS 文による共変量を調整した多重比較の結果

		Cell の最小 2 乗平均の差 多重比較の調整：Tukey-Kramer		
Cell	_Cell	ハザード比	調整済 ハザード比下限	調整済 ハザード比上限
adeno	large	2.1150	0.9670	4.6261
adeno	small	1.3586	0.6766	2.7277
adeno	squamous	3.1916	1.4766	6.8983
large	small	0.6423	0.3279	1.2581
large	squamous	1.5090	0.7292	3.1227
small	squamous	2.3493	1.1773	4.6880

出力 3.2.2 LSMEANS 文による共変量を調整した多重比較

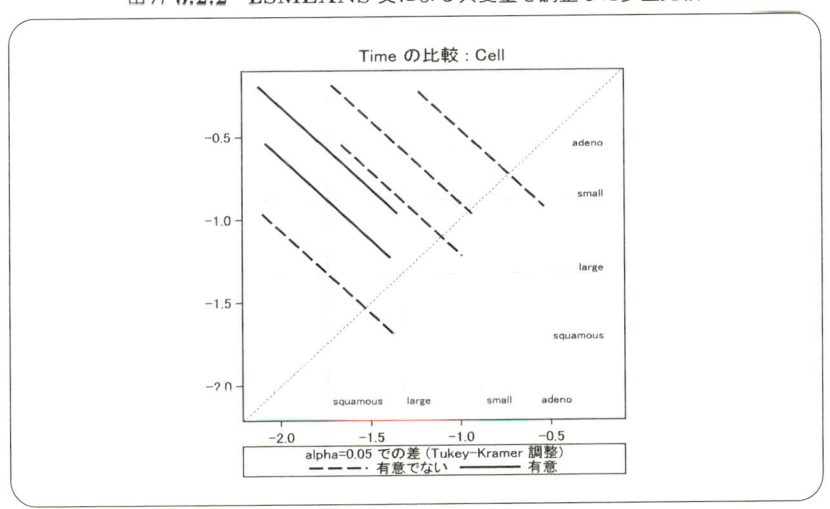

は4水準あるため，可能な対比較は $_4C_2 = 6$ 通りである．例えば，腺癌と大細胞癌の比較を考えると，出力 3.2.2 のように点推定値が座標軸で示され，95%信頼区間に対応する斜めの直線が対角線と交わっているかどうかで有意かどうか判定している．腺癌と大細胞癌の比較は信頼区間が対角線を含んでおり，有意でない結果となる．

具体的な値をみると，出力 3.1.10 における腺癌と大細胞癌の間の比較は未調整のハザード比の信頼区間が1を含まず有意 (1.104, 0.040) だったものが，

3.2 共変量および多重性の調整　107

6つの対比較を行うことによる多重性の調整後は1を含み有意でない (0.967, 4.626) 結果となる．このようにして二重の調整（共変量の影響の調整および検定の多重性の調整）を行うことが可能である．

BASELINE 文

出力 3.2.3 はプログラム 3.2.2 の出力結果であり，BASELINE 文により作成した共変量を考慮せずに示した予測生存時間曲線と，共変量（MODEL 文の Cell 以外の 3 変数）を考慮した予測生存時間曲線である．PROC PHREG 文において PLOTS オプションを指定すれば，それぞれの ODS GRAPHICS によるグラフが出力される．出力 3.2.3 では，2 つの予測生存時間曲線の結果を SGPANEL プロシジャで示している．

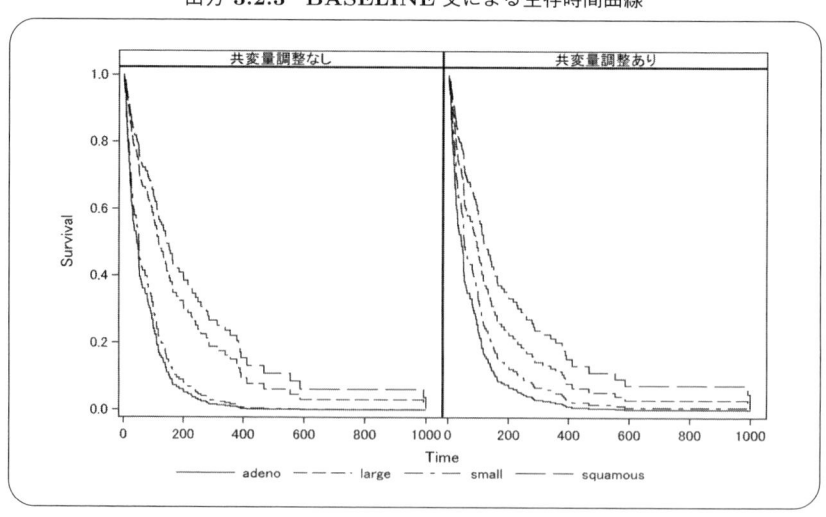

出力 3.2.3　BASELINE 文による生存時間曲線

プログラム 3.2.2 では，PLOTS(OVERLAY) = SURVIVAL と指定して，変数 Cell 別の生存時間曲線を同一のグラフに重ねて出力している．BASELINE 文で DIRADJ オプションを指定しているので，GROUP = で指定した変数 Cell 別の直接調整された生存時間曲線を出力している．なお，プログラム 3.2.2 で指定している BASELINE 文の文法は以下の通りである．

プログラム 3.2.2　BASELINE 文による生存時間曲線の作成プログラム

```
ods listing close;
proc phreg data=VALung plots(overlay)=survival;
  class Cell;
  model Time*Censor(1) = Cell;
  baseline out=out1 survival=S / nomean diradj group=Cell;
run;
proc phreg data=VALung;
  class Prior Cell Therapy;
  model Time*Censor(1) = Cell Kps Prior Therapy;
  baseline covariates=VALung out=out2 survival=S
           / nomean diradj group=Cell;
run;
ods listing;
data out1; set out1; Adjust=0;
data out2; set out2; Adjust=1;
data out; set out1 out2;
run;
proc sgpanel data=out noautolegend;
  panelby Adjust / novarname;
  step x=Time y=S / group=Cell;
  keylegend / noborder;
  rowaxis values=(0 to 1 by 0.2) label="Survival";
  colaxis values=(0 to 1000 by 200);
  format Adjust Adjustf.;
run;
```

- OUT = 推定結果を出力するデータセット名を指定する．

- SURVIVAL = 推定する生存関数の変数名を指定する．

- COVARIATES = 共変量の値の入ったデータセット名を指定する．

・オプション

NOMEAN　共変量の平均値に対する生存関数の出力を省略する．

DIRADJ　直接調整された生存時間曲線を計算する．

GROUP = 推定された生存時間曲線を識別する数値を含む変数を指定す

る．DIRADJ オプションを指定すると，GROUP オプションの役割が異なる．

DIRADJ を指定する場合： CLASS 文で分類変数を指定しなければならない．直接調整された生存時間曲線は入力データセットにおける変数から計算される．COVARIATES = で指定したデータセットにおける変数である必要はない．

DIRADJ を指定しない場合： COVARIATES = で指定したデータセットにおける数値変数が必要である．

共変量の調整の有無で比較すると，腺癌と大細胞癌の間は，他の共変量の影響を考慮することによって差が小さくなっている．調整を行わなければ有意であったものが，調整を行うと有意でない結果に変わることがわかる．

次に，プログラム 3.2.3 を実行して得られた出力 3.2.4 に Cell と Therapy の交互作用の検定結果を示す．プログラム 3.2.3 では，ODS SELECT 文を

プログラム **3.2.3** 組織型と治療法の交互作用の解析

```
ods graphics on;
ods select Type3 HazardRatios DiffPlot;
proc phreg data=VALung;
  class Prior Cell Therapy / param=glm;
  model Time*Censor(1) = Kps Cell Prior Therapy Cell*Therapy;
  hazardratio 'Therapy' Therapy;
  lsmeans Cell*Therapy / adjust=tukey exp;
run;
```

出力 **3.2.4** 交互作用の検定結果

	Type 3 検定		
効果	自由度	Wald カイ 2 乗	Pr > ChiSq
Kps	1	34.1819	<.0001
Cell	3	20.386	0.0001
Prior	1	0.0973	0.7551
Therapy	1	0.9487	0.3300
Cell*Therapy	3	6.6284	0.0847

用いて出力 3.2.4, 3.2.5, 3.2.6 のみ出力している．出力 3.2.4 より，交互作用の p 値が 0.0847 と 0.10 を下回り，有意に近い傾向が示されている．このとき，4つの組織型ごとの治療効果を出力 3.2.5 に示すと，Cell = small「小細胞癌」のグループではハザード比は 0.448 となり，死亡のリスクを下げる傾向にある．信頼区間も 1 を含んでいないため，推測の多重性を無視すれば，有意な効果があることを示している．

出力 3.2.5　組織型ごとの治療法の効果

説明	点推定値	95% Wald 信頼限界
Therapy standard vs test At Cell=adeno	1.243	0.540　2.859
Therapy standard vs test At Cell=large	0.605	0.276　1.324
Therapy standard vs test At Cell=small	0.448	0.236　0.852
Therapy standard vs test At Cell=squamous	1.397	0.644　3.028

出力 3.2.6　LSMEANS 文による共変量を調整した多重比較

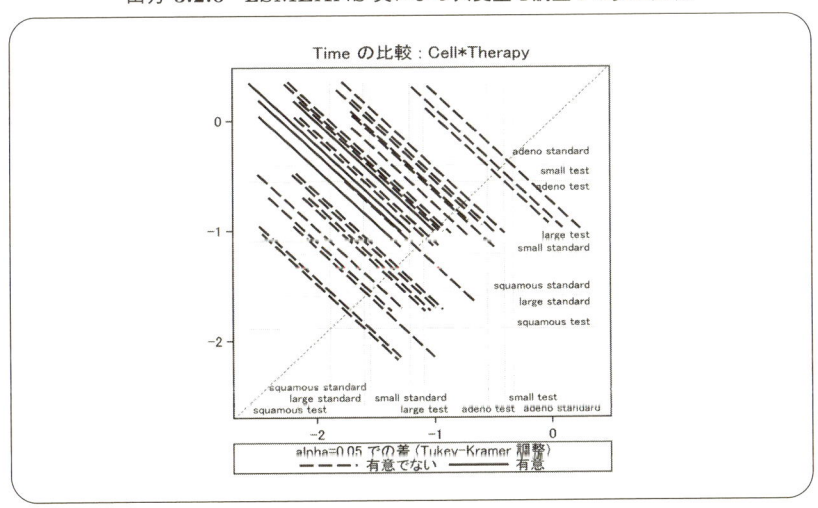

そこで，プログラム 3.2.3 のように，LSMEANS 文で Cell*Therapy を指定し，ADJUST = TUKEY を指定した場合の出力を出力 3.2.6 に示す．
変数 Cell が 4 水準，変数 Therapy が 2 水準となり，計 8 水準の中から 2

群を選ぶので，$_8C_2 = 28$ 通りの比較を行うことになる．しかし，このような対比較による多重性の調整を行ってしまうと，不要な比較も含めて調整しているため，未調整 p 値に比べて調整 p 値は過度に保守的となってしまう．また，出力 3.2.6 の出力結果は冗長ともいえる．実際に興味があるのは，特定のサブグループにおける治療間の比較である．

そこで，プログラム 3.2.4 のように LSMESTIMATE 文を用いると，任意の対比を指定でき，各サブグループに対する治療間の比較を行うことができる．出力 3.2.7 は，多重性の調整方法としてボンフェローニ法を用いて，興味がある対象のみを比較した結果である．なお，ボンフェローニ法の保守性を改善した，逐次手順のホルム (Holm) 法を適用したい場合は，"ADJUST = BONFERRONI STEPDOWN" と指定すればよい．

プログラム **3.2.4** 交互作用の解析における多重性の調整

```
ods select SimResults LSMEstimates;
proc phreg data=VALung;
  class Prior Cell Therapy / param=glm;
  model Time*Censor(1) = Kps Cell Prior Therapy Cell*Therapy;
  lsmestimate Cell*Therapy
        'adeno: standard vs. test' 1 −1 0 0 0 0 0 0,
        'large: standard vs. test' 0 0 1 −1 0 0 0 0,
        'small: standard vs. test' 0 0 0 0 1 −1 0 0,
        'squamous: standard vs. test' 0 0 0 0 0 0 1 −1
        / adjust=bonferroni;
  lsmestimate Cell*Therapy
        'adeno: standard vs. test' 1 −1 0 0 0 0 0 0,
        'large: standard vs. test' 0 0 1 −1 0 0 0 0,
        'small: standard vs. test' 0 0 0 0 1 −1 0 0,
        'squamous: standard vs. test' 0 0 0 0 0 0 1 −1
        / adjust=simulate(report) seed=4989;
run;
```

この例では，4 つのサブグループは独立していると考えることができる．出力 3.2.8 は，"ADJUST = SIMULATE(REPORT) SEED = 4989" を指定して得られた結果である．相関を考慮したシミュレーション法を用いても，出力 3.2.7 に示すように，棄却限界値はボンフェローニ法とほとんど同じ結果

出力 3.2.7 ボンフェローニ法・シミュレーション法による多重性の調整結果

Least Squares Means Estimates
Adjustment for Multiplicity: Bonferroni

効果	ラベル	推定値	標準誤差	z 値	$\Pr > |z|$	調整済 P
Cell*Therapy	adeno: standard vs. test	0.2173	0.4250	0.51	0.6092	1.0000
Cell*Therapy	large: standard vs. test	−0.5032	0.4001	−1.26	0.2085	0.8339
Cell*Therapy	small: standard vs. test	−0.8019	0.3277	−2.45	0.0144	0.0576
Cell*Therapy	squamous: standard vs. test	0.3341	0.3948	0.85	0.3975	1.0000

Least Squares Means Estimates
Adjustment for Multiplicity: Simulated

効果	ラベル	推定値	標準誤差	z 値	$\Pr > |z|$	調整済 P
Cell*Therapy	adeno: standard vs. test	0.2173	0.4250	0.51	0.6092	0.9762
Cell*Therapy	large: standard vs. test	−0.5032	0.4001	−1.26	0.2085	0.6075
Cell*Therapy	small: standard vs. test	−0.8019	0.3277	−2.45	0.0144	0.0546
Cell*Therapy	squamous: standard vs. test	0.3341	0.3948	0.85	0.3975	0.8705

出力 3.2.8 シミュレーション法による出力効果

シミュレーション結果

手法	95% 分位点	推定アルファ	99% 信頼限界	
Simulated	2.485167	0.0500	0.0450	0.0550
Bonferroni	2.497705	0.0482	0.0433	0.0532
Sidak	2.490915	0.0489	0.0440	0.0539
Scheffe	3.080216	0.0082	0.0061	0.0102
Z	1.959964	0.1810	0.1722	0.1899

が得られる．ただし，実際の臨床試験でこのようなサブグループ解析を行う場合，まず全体で治療間の比較を行うのが原則である．最近の分子標的薬では特定の遺伝子発現例のみ効果を示すことがあり，その場合プロトコルに全体の解析および特定のサブグループ解析とともに，有意水準を配分して行うことを明記することがある．しかし，LSMESTIMATE 文ではこのような解析を実行できない．4つのサブグループと全体での比較のように，レベルの異なる水準間の比較ができないためである．したがって，全体とサブグループの多重性の調整を行うためには，ESTIMATE 文を用いてシミュレーション法を指定する必要がある．

3.3 最大対比法の適用

LSMESTIMATE 文を用いて,最大対比法による用量反応関係の評価を行ってみる.1.3.2 項の皮膚癌のデータ(データセット名:Scancer)を用いて解説を行う.

対数ハザードに対して,図表 3.3.1 に示すような (i) 用量が増えると線型的に変化する,(ii) 高用量だけが変化する,(iii) 中用量で反応が飽和する,(iv) 用量に比例する,のいずれのタイプの用量反応関係に近いか検討を行うことは LIFETEST プロシジャでは実行不可能である.LIFETEST プロシジャでは決まった対比較しかできないからである.しかし,PHREG プロシジャでは,上記のようなものを含め任意の対比を指定することができる.さらに,これらの対比は独立ではなく,強い正の相関がある.そこで,PHREG プロシジャの LSMESTIMATE 文(あるいは LSMEANS 文,ESTIMATE 文)の ADJUST オプションを用いて,シミュレーション法を適用した多重比較法を実行する.シミュレーション法では,任意の複数の対比について,相関を考慮した多重性の調整が可能であり,生存時間解析においても最大対比法

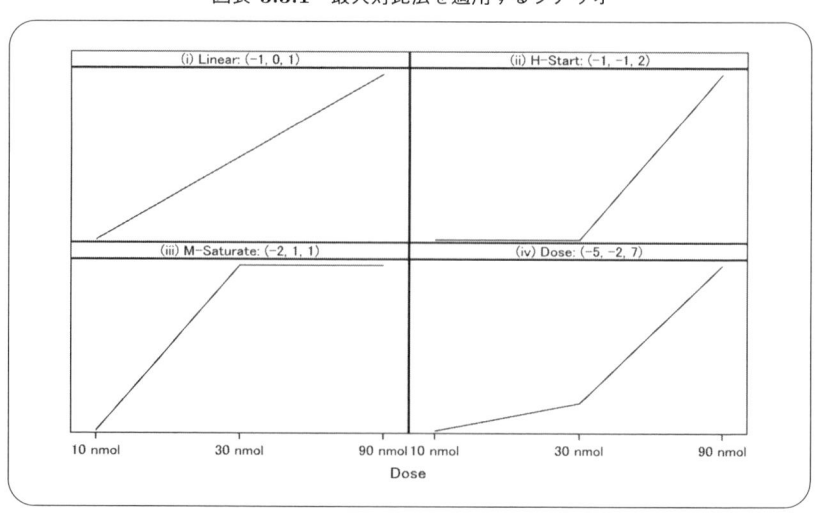

図表 3.3.1 最大対比法を適用するシナリオ

を実行することができる．用量反応モデルに対する対比統計量は一般に正の相関が高く，相関構造を反映できるシミュレーション法の検出力が高くなる．プログラム 3.3.1 の PHREG プロシジャを実行した結果を出力 3.3.1 に示す．

プログラム 3.3.1　交互作用の解析における多重性の調整

```
ods select SimResults LSMEstimates;
proc phreg data=Scancer;
  class Dose / param=glm ref=last;
  model Time*Censor(0) = Dose;
  hazardratio Dose / diff=ref;
  lsmestimate Dose
        'Linear' −1 0 1,
        'H-Start' −1 −1 2,
        'M-Saturate' −2 1 1,
        'Dose' −5 −2 7
        / adjust=simulate(report) seed=4989 exp;
run;
```

出力 3.3.1　シミュレーション法による出力効果

手法	シミュレーション結果 95% 分位点	推定アルファ	99% 信頼限界	
Simulated	2.214661	0.0500	0.0450	0.0550
Bonferroni	2.497705	0.0242	0.0207	0.0277
Sidak	2.490915	0.0247	0.0211	0.0282
Scheffe	2.447747	0.0283	0.0245	0.0321
Z	1.959964	0.0866	0.0801	0.0930

Least Squares Means Estimates
Adjustment for Multiplicity: Simulated

効果	ラベル	推定値	標準誤差	z 値	$\Pr > |z|$	調整済 P	指数
Dose	Linear	1.7370	0.4429	3.92	<.0001	0.0002	5.6803
Dose	H-Start	2.0467	0.6322	3.24	0.0012	0.0029	7.7425
Dose	M-Saturate	3.1643	0.8293	3.82	0.0001	0.0002	23.6720
Dose	Dose	9.3045	2.5135	3.70	0.0002	0.0004	10987

REPORT オプションによって，各手法の棄却限界値を比較すると，独立性を仮定したボンフェローニ法やシダック法では 95%分位点が 2.5 に近く，相関を考慮したシミュレーション法の 2.215 と比較すると非常に保守的になっ

ていることがわかる．この保守性をシミュレーション法によって改善する．実際に4種類の対比を当てはめると，最も Z 統計量（対応する標準正規変数の値）が大きくなるのは (i) Linear タイプであり，多重性を考慮した p 値は5%水準で有意となっている．したがって，対数ハザードが群間で等差的に変化するタイプの用量反応関係が最もよくあてはまるといえる．

このとき，最も Z 統計量が大きくなった (i) Linear タイプの対比を当てはめ，生存時間を予測してみる．プログラム3.3.2は，カプラン・マイヤー法に

プログラム 3.3.2　対比による予測生存時間曲線

```
ods listing close;
ods graphics on;
ods output Survivalplot=out1;
proc lifetest data=Scancer;
   time Time*Censor(0); strata Dose;
run;
proc phreg data=Scancer;
   class Dose / param=glm ref=last;
   model Time*Censor(0) = Dose;
   lsmestimate Dose 'Linear' −1 0 1
       / adj=simulate(report) seed=4989 exp;
   baseline covariates=Scancer out=out2 survival=Survival
       / nomean diradj group=Dose;
run;
ods listing;
data out1; set out1;
   Dose=input(Stratum,best.);
   Cont=0;
data out2; set out2; Cont=1;
run;
data out; set out1 out2;
run;
proc sgpanel data=out noautolegend;
   panelby Cont / novarname;
   step x=Time y=Survival / group=Dose curvelabel;
   scatter x=Time y=Censored / group=Dose markerattrs=(symbol=plus);
   rowaxis values=(0 to 1 by 0.2) label="Survival";
   format Cont Survf. Dose Dosecf.;
run;
```

よる生存時間曲線を対照として，(i) Linear タイプの対比を当てはめた予測生存時間曲線を描くプログラムである．

出力 3.3.2 は SGPANEL プロシジャで作成したプロットであり，左側にカプラン・マイヤー法による生存時間曲線，右側に (i) Linear タイプの対比を当てはめ予測した生存時間曲線を示している．(i) Linear タイプの対比はある程度当てはまりが良いことがわかり，対数ハザードのスケールで等差的にハザードが増加していることが確認できる．

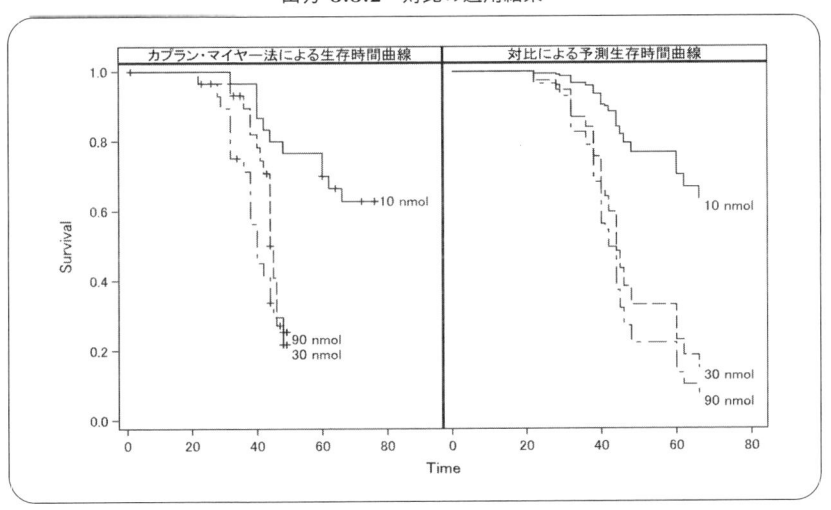

出力 3.3.2 対比の適用結果

3.4 モデルの評価

3.4.1 残差統計量

通常の線型回帰分析の残差と生存時間解析で提案されている残差の意味合いはかなり異なっている．線型回帰分析の残差には次の性質がある．

1) モデルが正しいときに左右対称な正規分布にしたがう．

2) 残差の期待値はすべて 0 であり，（定数項がモデルに含まれれば）実際に得られた値の平均値は 0 になる．

3) 残差の 2 乗和は誤差平方和（必要なだけ共変量を取り入れて完全なあてはまりが得られた full model と実際にあてはめたモデルの対数尤度の違い）に対応する．

4) 残差と説明変数の積和は 0 になる．

これに対し，生存時間解析ではいくつかの残差が提案されているが，これらの性質をすべて満たすようなものは存在せず，代わりに多くの残差統計量が提案されている．残差の定義を困難にしている 1 つの大きな理由は打ち切りデータが存在するためである．ここでは提案されている残差のうち PHREG プロシジャで計算可能なものを紹介する．なお，SAS を用いて解説はされていないものの，残差統計量を用いたモデルの評価に関しては，Hosmer *et al.* (2008)，五所（監訳）(2014) 第 6 章においても詳細な解説が行われている．

　PHREG プロシジャの OUTPUT 文は，それぞれの個体について計算される統計量を含んだ新しい SAS データセットを作成する．キーワード = 変数名という指定によって，キーワードに対応した統計量が，指定した変数名でデータセットに出力される．キーワード = 変数名は複数指定できる．図表 3.4.1 に出力できる統計量とそのキーワードを示した．線型予測子によって個々の個体のリスクを調べることや，残差をデータセットに落とし，グラフ関連のプロシジャを用いて残差プロットを出力するなどの応用が考えられる．

(A) コックス・スネル (Cox-Snell) 残差 ($r_{i,CS}$)

OUTPUT 文で出力した生存関数の予測値の対数（累積ハザード関数）をとったもので，常に正の値をとる．定義式は次のようになる．

$$r_{i,CS} = -\log \hat{S}_i(t_i) = \int_0^{t_i} h_i(u) du$$
$$= \hat{H}_i(t_i) = \hat{H}_0(t_i) \cdot \exp(\underline{\hat{\beta}}^T \underline{z}_i)$$

図表 3.4.1　OUTPUT 文で出力できる統計量

キーワード	統計量の内容
XBETA	線型予測子の推定値 $z^T\hat{\beta}$
STDXBETA	推定された $z^T\hat{\beta}$ の標準誤差
ATRISK	個体のイベントまたは打切られた時点のリスク集合の大きさ
SURVIVAL	生存関数の推定値 ($\hat{S}$)
LOGSURV	$\hat{S}$ の対数
LOGLOGS	生存関数の2重対数 $\log(-\log\hat{S})$
RESMART	マルチンゲール残差
RESDEV	デビアンス残差
RESSCH	ショーンフェルド残差
WTRESSCH	重み付きショーンフェルド残差
RESSCO	スコア残差
DFBETA	観測値を除いたときのパラメータ推定値の変化を表す DFBETA 統計量　最大 MODEL 文で指定した変数の数まで指定できる
LD	観測値を除いたときの尤度の変化（対数尤度の -2 倍）
LMAX	観測値のモデル全体への影響力を測る

これは個体 i のハザードを時点 t_i まで累積した累積ハザード関数 $\hat{H}_i(t_i)$ に相当する．この値が大きいことは，死亡するリスクが高いことを意味する．モデルが正しいとき，この残差は期待値1の指数分布に近似的に従う．この性質を利用してモデルの適合度を調べるための方法が提案されている．一般化残差と呼ばれる場合もある．

とり得る値の範囲は $0\sim\infty$ であり，打ち切りの場合でも定義できるが，最大の生存時間に対する個体が打ち切りでない場合は，生存関数の最終時点の推定値は0になり，対数がとれないため累積ハザード関数が定義できないので計算できない．以下で説明する (B), (C), (D) のコックス・スネル残差を修飾した残差についても，最大の生存時間に対する個体については欠測になる．

(B)　修正コックス・スネル (modified Cox-Snell) 残差 ($r'_{i,CS}$)

打ち切りを受けた個体についてもその時点での生存関数の予測値を求めることは可能であるが，その個体はイベントが起きたとすればその時点より後ろであり，死亡が起きた時点の累積ハザード関数を過小に評価していることになる．そこで打ち切りを受けた個体については，コックス・スネル残差を修正する方法がいくつか提案されている．生存時間分布として指数分布を想定

3.4 モデルの評価

アンは 0.693 (= log(2)) になるため，次のようにコックス・スネル残差を修正することが提案されている．

$$r'_{i,CS} = \begin{cases} r_{i,CS} & \text{(打ち切りを受けていない場合)} \\ r_{i,CS} + \Delta & \text{(打ち切りを受けた場合)} \end{cases}$$
$$\Delta = 0.693 \text{ または } 1.000$$

とり得る値の範囲はコックス・スネル残差と同様に 0〜∞ となる．

(C) マルチンゲール残差 ($r_{i,Mart}$)

コックス・スネル残差の期待値は打ち切りでない個体については 1 になる．線型回帰分析の残差と同じように，期待値が 0 になるように修正したのがマルチンゲール残差である．

$$r_{i,Mart} = \delta_i - r_{i,CS}$$

δ_i を個体 i がイベントを起こせば 1，打ち切りであれば 0 をとる変数とする．とり得る値の範囲は $-\infty$〜1 である．マルチンゲール残差が正の方向で大きい個体は，モデルから予想されるより死亡が起きやすく，負の方向で大きい個体は死亡が起きにくい．打ち切りを受けた個体については，常に負の値をとる．大標本では期待値が 0 で，残差同士の相関が 0 になるという利点はあるものの，左右対称に分布しないため，解釈は難しい．

(D) デビアンス残差 ($r_{i,Dev}$)

デビアンス残差 $r_{i,Dev}$ は，マルチンゲール残差 $r_{i,Mart}$ を次のように変換したものである．

$$r_{i,Dev} = \text{sign}(r_{i,Mart})[-2\{r_{i,Mart} + \delta_i \cdot \log(\delta_i - r_{i,Mart})\}]^{1/2}$$

ただし，$\text{sign}(r_{i,Mart})$ は $r_{i,Mart} > 0$ であれば 1，$r_{i,Mart} < 0$ であれば -1 をとる符号関数である．

平方根をとることによって負で大きなマルチンゲール残差を縮める．一方，対数変換は 1 に近いようなマルチンゲール残差を広げる．このようにデビア

ンス残差は，マルチンゲール残差をより0の周りに対称に分布するように変換したものである．定義域は $-\infty \sim +\infty$ である．ただし，期待値は0にならない．デビアンス残差の名の由来は次の理由による．

一般に，デビアンス統計量とは，完全なモデル (full model) に比べて選択したモデル (current model) のあてはまりがどの程度逸脱しているかを示すために用いられる．

完全なモデルとは，個体ごとにダミー変数を立てたモデルである．デビアンス統計量 D は次のように定義される．

$$D = -2(\log L_c - \log L_f)$$

L_c は選択したモデルの尤度，L_f は完全なモデルの尤度である．線型回帰分析に対応させれば，この統計量は誤差平方和に対応する．デビアンス統計量 D とデビアンス残差 $r_{i,Dev}$ の間には次の関係式が成立する．

$$D = \Sigma r_{i,Dev}^2$$

膵臓癌のデータについて，コックス・スネル残差（変数名：CS），マルチンゲール残差（変数名：Mart），デビアンス残差（変数名：Dev）を計算するプログラム例をプログラム 3.4.1 に示す．データセット Pcancer におけるイベントは癌死であり，生存時間は手術時点から膵臓癌による死亡までの期間（単位：月）である．死亡または打ち切りの時間を表す変数が Time で，打ち切りを示す変数が Censor（打ち切りであれば1，死亡であれば0）である．生存時間との影響を調べたい共変量として，処置法（変数名：Treat），TNM 分類に基づくステージ（変数名：Stage），年齢（変数名：Age）が挙げられる．

出力 3.4.1，3.4.2 にプログラム 3.4.1 から作成された残差統計量の散布図行列を示した．プログラム 3.4.1 において，コックス・スネル残差は直接計算できないので，DATA ステップで累積ハザード関数の負をとって求めている．出力 3.4.1 は CORR プロシジャの PLOTS オプションとして，PLOTS = MATRIX(HISTOGRAM) を指定することで作成したグラフであり，非対角成分に変数間の散布図，対角成分に単変量のヒストグラムを示している．出力 3.4.1 の結果をみると，特技際だって大きな残差は存在しないことがわ

プログラム 3.4.1 残差統計量の計算と散布図行列

```
ods listing close;
proc phreg data=Pcancer;
  model Time*Censor(1) = Treat BUI Stage;
  output out=out logsurv=LogS resdev=Dev resmart=Mart;
run;
ods listing;
data out; set out;
  CS=-LogS;
  if ID in(72) then ID2=ID;
  else ID2=.;
  label CS="Cox-Snell 残差";
run;
ods graphics on;
proc corr data=out plots=matrix(histogram);
  var Time Mart Dev CS;
run;
proc sgscatter data=out;
  matrix Time Mart Dev CS / datalabel=ID2;
run;
```

出力 3.4.1 残差統計量の散布図行列（CORR プロシジャ）

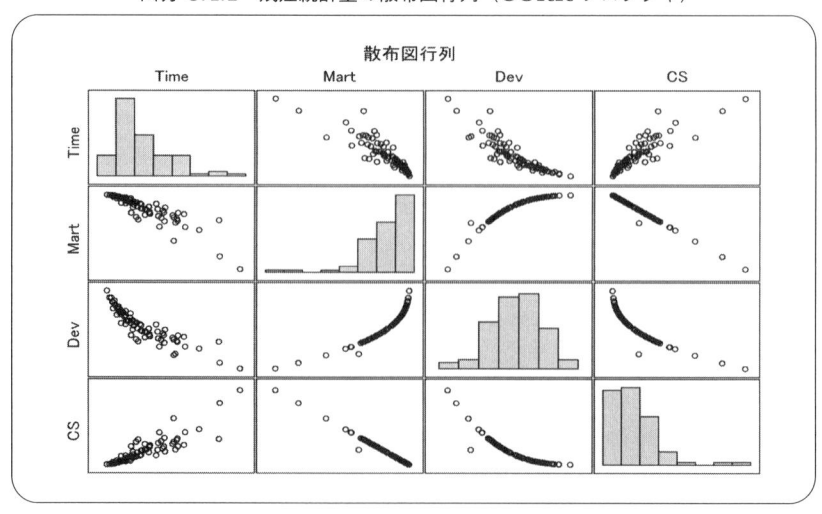

出力 3.4.2 残差統計量の散布図行列（SGSCATTER プロシジャ）

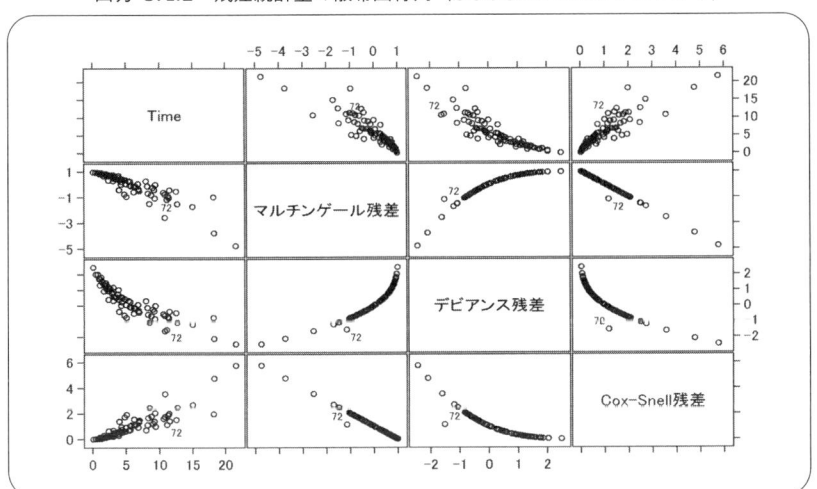

かる．また，散布図行列の作成には SGSCATTER プロシジャが有用である．出力 3.4.2 は SGSCATTER プロシジャにより作成したグラフであり，DATALABEL = 変数名を指定することで，グラフ上に指定した変数に含まれるデータを出力できる．プログラム 3.4.1 のデータハンドリングで，ID = 72 の場合のみ変数 ID2 にデータをもたせ，出力 3.4.2 のようにグラフ上に患者番号を出力している．

(E) ショーンフェルド (Schoenfeld) 残差

ショーンフェルド残差は個体ごとに共変量の数に対応したベクトルとして計算される．定義は次の通りである．以下では i を個体を表す添字とし，また $\underline{Z}_i(t)$ を個体 i の共変量ベクトルとする．

$$\underline{U}_i(t) = \underline{Z}_i(t) - \overline{\underline{Z}}(t)$$

ここで t はイベント時間である．$\overline{\underline{Z}}(t)$ は時点 t でリスク集合に含まれる個体の共変量ベクトルの重み付き平均であり，次の式で与えられる．

$$\overline{\underline{Z}}(t) = \frac{\Sigma Y_l(t)\underline{Z}_l(t)\exp(\hat{\underline{\beta}}^T \underline{Z}_l(t))}{\Sigma Y_l(t)\exp(\hat{\underline{\beta}}^T \underline{Z}_l(t))}$$

ここで $Y_l(t)$ は，時点 t で個体 l がリスク集合に含まれていれば 1，そうでなければ 0 をとる変数である．Σ は個体 l が死亡を起こした時点でのリスク集合についてとられる．ショーンフェルド残差のベクトルは個体が打ち切りを受けた場合には定義されず，また全個体について残差の和を計算すると 0 になる．

比例ハザード性の仮定の下で，ショーンフェルド残差は時間に対してランダム・ウオークする．したがって，共変量の効果の時間によるトレンドを調べるため，逆にいえば，比例ハザード性が成立するかを評価する上で有用である．Harrell and Lee (1986) は，これらの残差と死亡時間の順位とのピアソン (Pearson) の相関係数を Z 変換して，比例ハザード性の検定統計量として利用することを提案した．また，Therneau et al. (1990) は残差の累積和を用いたコルモゴロフ (Kolmogorov) 型の検定を提案した．

PHREG プロシジャでショーンフェルド残差を出力し，死亡時間の順位との相関係数を計算することにより比例ハザード性を評価するプログラム例をプログラム 3.4.2 に示す．プログラム 3.4.2 は骨髄腫のデータセット Myeloma に対して PHREG プロシジャを実行している．結果は出力 3.4.3 のようになる．

プログラム 3.4.2 ショーンフェルド残差による比例ハザード性の評価

```
ods select ParameterEstimates;
proc phreg data=Myeloma;
  model Time*VStatus(0) = LogBUN;
  output out=out ressch=R1;
run;
proc rank data=out out=out;
  var Time; ranks Ranktime;
  where R1 ne . ;
run;
ods select PearsonCorr;
proc corr data=out;
  var R1 Ranktime;
run;
```

PHREG プロシジャの結果をみると，診断時の BUN の対数をとった Log-

出力 3.4.3 ショーンフェルド残差による比例ハザード性の評価

```
                    PHREG プロシジャの結果
                       最尤推定値の分析
パラメータ    自由度   パラメータ  標準誤差  カイ2乗値   Pr > ChiSq   ハザード比
                    推定値
LogBUN        1      1.74595    0.60460   8.3392      0.0039       5.731

                    CORR プロシジャの結果
                   Pearson の相関係数, N = 48
                   H0: Rho=0 に対する Prob > |r|
                                          R1         Ranktime
R1                                        1          −0.30003
Schoenfeld Residual for LogBUN                       0.0383
Ranktime                                  −0.30003   1
変数 Timo の順位                           0.0383
```

BUN の効果は 1% の水準で有意であり，LogBUN の値が増加すると死亡のハザードが高くなる．

打ち切りを受けた個体についてはショーンフェルド残差は定義されないので，死亡した 48 人の個体についてピアソンの相関係数を計算している．相関係数は −0.300 で 5% の水準では有意であり LogBUN の効果は時間に対する負のトレンドが存在する．LogBUN が高い個体の方が死亡のハザードが高くなるが，試験の初期にはモデルから予想されるよりも LogBUN が高い個体が多く，試験の後期では逆になり，共変量の効果が時間に対して一様でないことを表している．

比例ハザード性を評価する方法として，他にも時間依存性共変量を用いた方法などもある（大橋・浜田 (1995) 3.5 節参照）が，視覚的にズレをとらえ，モデルから乖離している個体を認識する手段としてショーンフェルド残差は有効である．

(F) 重み付きショーンフェルド残差

重み付きのショーンフェルド残差のベクトル $\underline{r}_i$ は次のように定義される．

$$\underline{r}_i = n_e \hat{V} \underline{U}_i(t_i)$$

ここで n_e は観測イベントの総数であり，$\hat{V} = \hat{V}(\hat{\beta})$ は推定された $\hat{\beta}$ の共分散行列である．$\underline{U}_i(t_i)$ は時点 t_i におけるショーンフェルド残差のベクトルである．

重み付きショーンフェルド残差も比例ハザード性の仮定を評価する上で有用である．

$\hat{\beta}_j$ と r_{ij} はそれぞれ $\underline{\hat{\beta}}$ と $\underline{r}_i$ の j 番目の要素であるとして，Grambsch and Therneau (1994) は回帰係数 β_j の時間変化パターンをみつけるために t_i に対する $(\hat{\beta}_j + r_{ij})$ の平滑化を行ったプロットを提案した．傾きが 0 であることは係数が時間とともに変化しないことを意味する．

(G) スコア残差

対数尤度を 1 次偏微分したもの（スコア関数）を観測値ごとに分解したものである．個体ごとにモデルに含まれる変数の数に対応した次元のベクトルとして表される．最尤法ではスコア関数が 0 になるようにパラメータを推定するためスコア残差の和は 0 になる．スコア残差はパラメータ推定におけるそれぞれの観測値のてこ比（影響力指標）を評価するために使うことができる．また，再発事象を多変量データと考える WLW モデル (Wei *et al.*, 1989) を適用した場合のロバストなサンドイッチ型の分散の推定量を計算する上でも利用できる (Lin and Wei, 1989)．スコア残差はショーンフェルド残差とは異なり，打ち切りを受けた個体についても定義される．

3.4.2 項と 3.4.3 項では，PHREG プロシジャの ASSESS 文を用いて，累積ショーンフェルド残差プロットによる比例ハザード性の評価，および累積マルチンゲール残差プロットによる線型性の仮定の評価を行う方法を解説する．

ASSESS 文

- PH | PROPORTIONALHAZARDS　比例ハザード性の評価を行う．
- VAR = (変数リスト)　リストに指定した変数の線型性の仮定の評価を行う．

・オプション

NPATHS = 累積ショーンフェルド残差プロットあるいは累積マルチンゲール残差プロットで示されるシミュレーションパターン数を指定する．デフォルト値は20である．

RESAMPLE 最大絶対値の分布をシミュレーションによる分布と比較する検定（コルモゴロフ型の上限値の検定）を行う．デフォルトは1,000回のシミュレーションで実行されるが，"RESAMPLE =シミュレーション回数" と指定すれば，シミュレーション回数を変更できる．

CRPANEL 最初の8シミュレーション分のランダム標本における累積マルチンゲール残差プロットをパネル別に出力する．

SEED = コルモゴロフ型の上限値の検定を行うための乱数シードを指定する．

3.4.2 累積ショーンフェルド残差プロットによる比例ハザード性の評価

PHREGプロシジャのASSESS文を用いると，PH | PROPORTIONAL-HAZARDSを指定することによって，ショーンフェルド残差による比例ハザード性の評価ができる．ただし，比例ハザード性の評価にはショーンフェルド残差の累積和をとった累積ショーンフェルド残差を用いている．ショーンフェルド残差の平均が0なので，累積ショーンフェルド残差は0から始まり，0に収束する．ショーンフェルド残差を累積するので，累積ショーンフェルド残差プロットは独立ではなく，評価は単純ではない．そこで，ASSESS文ではコルモゴロフ型の検定を行うにあたり，シミュレーションによって累積ショーンフェルド残差の最大絶対値の分布を算出している．

比例ハザードモデルの評価として，ハザード比0.60で，指数分布による乱数を発生させた例をみてみよう．図表3.4.2のようなカプラン・マイヤープロット(S)および2重対数プロット(LLS)が作成され，2重対数プロットはほぼ平行になる．

図表 3.4.2　カプラン・マイヤープロットと 2 重対数プロット
（比例ハザード性が成り立つ仮想データ）

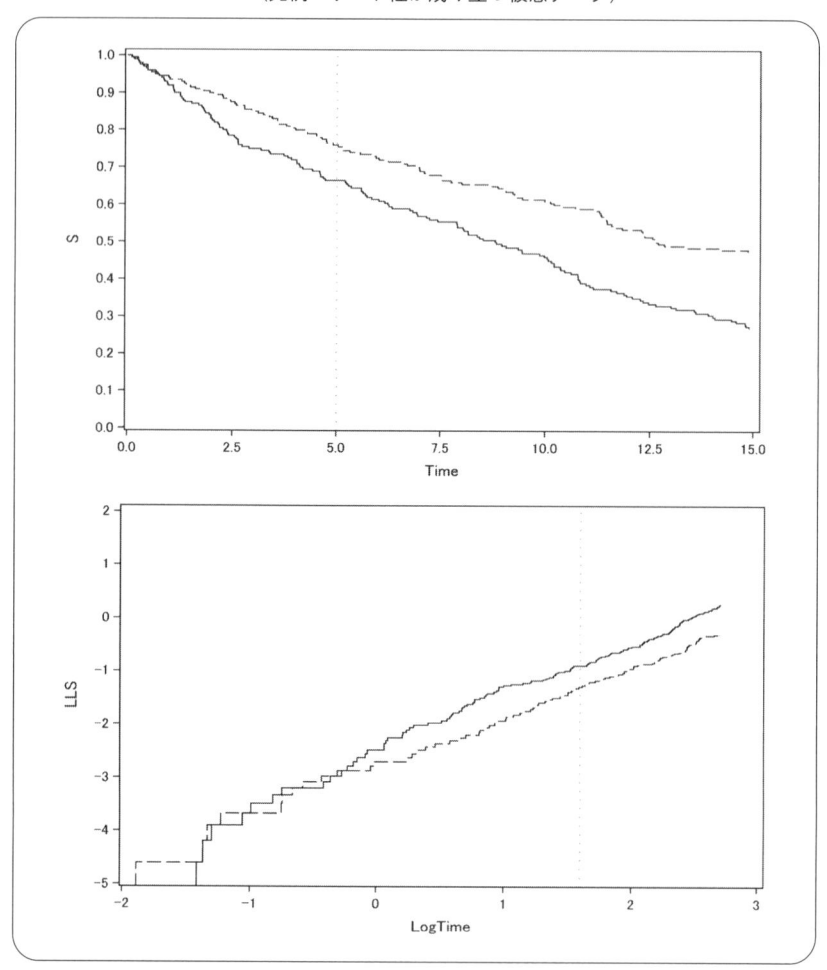

　図表3.4.2の仮想データに対して, ASSESS 文を用いると, ODS GRAPHICS によって, 横軸に時間, 縦軸に累積ショーンフェルド残差を描いた図表 3.4.3 が出力される.

　図表 3.4.3 において, 太い線が実際の累積ショーンフェルド残差プロットを示し, 細い線が比例ハザードモデルの下での 20 回のランダム標本における

図表 3.4.3 累積ショーンフェルド残差プロット（比例ハザード性が成り立つ仮想データ）

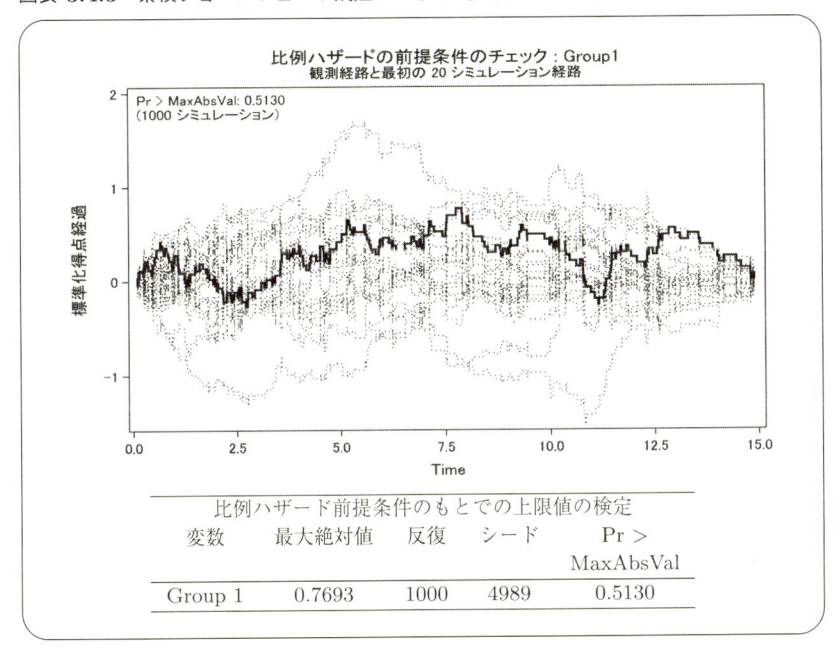

比例ハザードの前提条件のチェック：Group1
観測経路と最初の 20 シミュレーション経路

比例ハザード前提条件のもとでの上限値の検定

変数	最大絶対値	反復	シード	Pr > MaxAbsVal
Group 1	0.7693	1000	4989	0.5130

　累積ショーンフェルド残差プロットを示している．累積ショーンフェルド残差プロットは 0 から始まり，その間にランダムウォークして，0 に収束している．縦軸が上昇する場合はモデルより死亡が起きやすく，下降する場合はモデルより死亡が起きにくいことを表す．太い線の動きが細い線の範囲内で埋まるようであれば，違いはランダム変動の範囲であり，比例ハザードモデルが当てはまっているといえる．累積ショーンフェルド残差が最も大きくなる点，すなわち最大絶対値は 0.7693 となる．比例ハザードモデルが正しいときの 1,000 回のシミュレーションに基づき，0.7693 以上の値が出る確率を求めたのが比例ハザード性の検定の p 値である．今回の仮想データでは $p = 0.5130$ となり，この程度の変動であれば比例ハザードモデルが成り立っていると考えても問題ないといえる．

　次に，比例ハザードモデルが成り立っていないデータとして，ある時点（ここでは 5）以前の前半では効果がないが，後半でのみ差があるような図表 3.4.4

3.4 モデルの評価　　129

の場合を想定する．これは，相対的に後半の重みが高いログランク検定で有意となり，一般化ウイルコクソン検定で有意にならないパターンである．

図表3.4.4より，2重対数プロットを描くと，$\log(5) = 1.609$ 以降，群間で差が生じる曲線となることがわかる．この仮想データに対して，累積ショーンフェルド残差プロットを描くと図表3.4.5の出力となり，20回のシミュレー

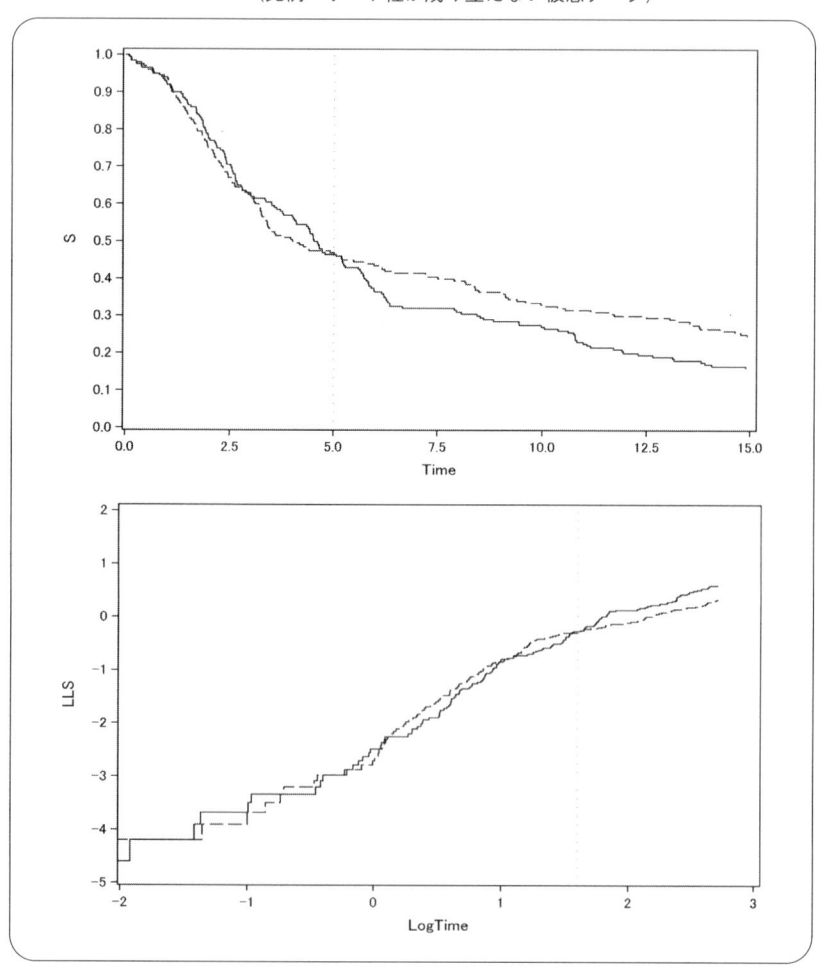

図表 **3.4.4** カプラン・マイヤープロットと 2 重対数プロット
（比例ハザード性が成り立たない仮想データ）

図表 3.4.5 累積ショーンフェルド残差プロット
（比例ハザード性が成り立たない仮想データ）

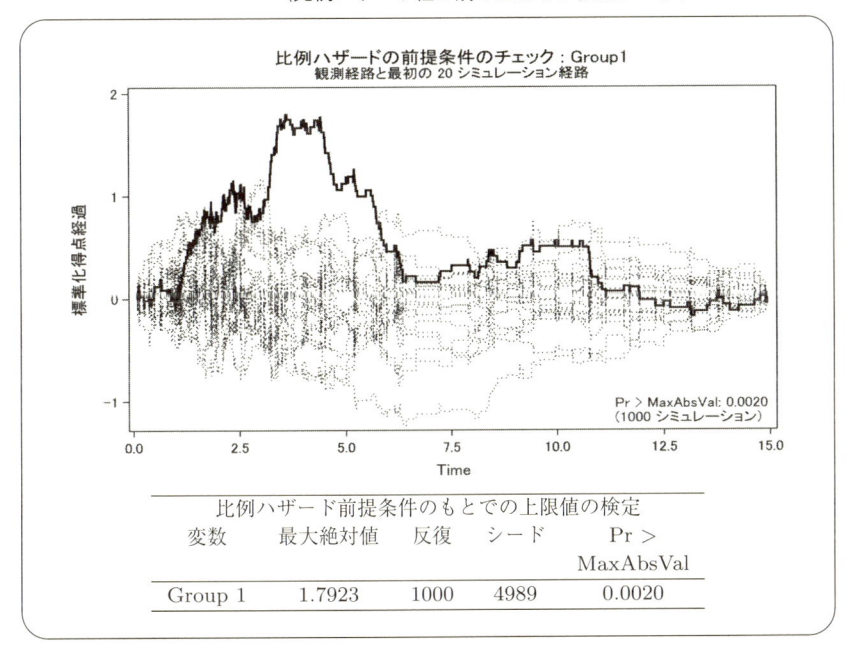

比例ハザードの前提条件のチェック：Group1
観測経路と最初の 20 シミュレーション経路

Pr > MaxAbsVal: 0.0020
（1000 シミュレーション）

比例ハザード前提条件のもとでの上限値の検定

変数	最大絶対値	反復	シード	Pr > MaxAbsVal
Group 1	1.7923	1000	4989	0.0020

ションと大きくずれていることがわかる．なぜならば，前半では前半と後半を併せた比例ハザードモデルよりも多く死亡が起きているため，累積ショーンフェルド残差は上昇する．一方，後半では全体の比例ハザードモデルよりも死亡が起きにくいため，累積ショーンフェルド残差は下降する．このとき，最大絶対値は 1.7923 となるが，1,000 回のシミュレーションにおいてこれより大きな値が出たのは 2 回であったため，p 値は 0.0020 となり，明らかに比例ハザードモデルが成り立っていないことがわかる．

上述のように，累積ショーンフェルド残差プロットは 0 から始まり，0 に収束する．上昇している場合はモデルよりも死亡が起きやすいことを示し，下降している場合はモデルよりも死亡が起きにくいことを示す．ランダムウォークしていれば比例ハザードモデルが成り立っており，そのために視覚的な評価を行い，20 パターンの中に累積ショーンフェルド残差プロットが埋もれていればモデルは適合しているといえる．定量的な評価として，最大絶対値の

分布を 1,000 回のシミュレーションによる分布と比較する検定を実施し，有意であればモデルが適合していないと解釈できる．

・膵臓癌データへの適用

膵臓癌データ（データセット名：Pcancer）に対して，ASSESS 文を用いて，累積ショーンフェルド残差プロットによる比例ハザード性の評価を行う．この例では，共変量にステージを表す変数 Stage (= 3, 4)，術中照射の有無を表す変数 Treat (= 0, 1)，年齢を表す連続変数 Age を指定している．このとき，プログラム 3.4.3 により，Stage および Treat に対して比例ハザード性の評価を行う．ASSESS 文では，累積ショーンフェルド残差プロットによる比例ハザード性の評価を共変量ごとに実施することができる．ODS GRAPHICS によって，MODEL 文で指定したすべての変数に対する累積ショーンフェルド残差プロットが出力される．

プログラム 3.4.3　ASSESS 文によるモデルの妥当性評価

```
ods graphics on;
ods select ParameterEstimates ScoreProcess ProportionalHazardsSupTest;
proc phreg data=Pcancer;
  class Stage(ref='3') Treat(ref='0');
  model Time*Censor(1) = Stage Treat Age;
  assess ph / seed=4989 resample;
run;
```

プログラム 3.4.3 の CLASS 文において，Stage (REF = '3')，Treat (REF = '0') と記述することにより，ステージについてはステージ 3 (Stage = 3) に対するステージ 4 (Stage = 4) のハザード比，処置については術中照射なし (Treat = 0) に対する術中照射あり (Treat = 1) のハザード比を求めている．なお，プログラム 3.4.3 において，RESAMPLE オプションを指定することにより，比例ハザード前提条件の下でのコルモゴロフ型の統計量（最大絶対値）の p 値が計算される．NPATHS = を指定すると，累積ショーンフェルド残差プロット上に示されるシミュレーションパターン数を 20 回から変更することができる．また，RESAMPLE という記述の代わりに，"RESAMPLE

= シミュレーション回数"と指定すれば，シミュレーション回数をデフォルトの 1,000 回から変更することが可能である．

出力 3.4.4　比例ハザードモデルによる解析結果

パラメータ	自由度	パラメータ推定値	標準誤差	カイ 2 乗値	Pr > ChiSq	ハザード比
Stage 4	1	0.44208	0.22929	3.7172	0.0539	1.556
Treat 1	1	−0.68332	0.26960	6.4239	0.0113	0.505
Age	1	0.01308	0.01250	1.0954	0.2953	1.013

出力 3.4.4 より，比例ハザードモデルによる解析の結果，Stage と Treat は有意に近い結果が得られたが，年齢は有意とならず，1 歳上がるとハザードは 1.013 倍となった．

ステージ別の生存時間曲線は図表 3.4.6 のようになり，ステージ 3（実線）

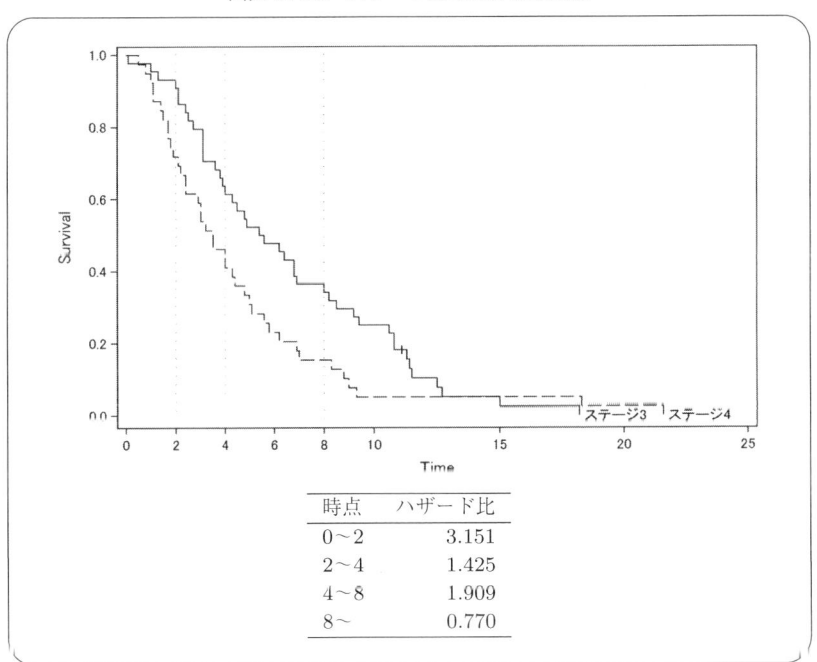

図表 3.4.6　ステージ別の生存時間曲線

時点	ハザード比
0～2	3.151
2～4	1.425
4～8	1.909
8～	0.770

3.4　モデルの評価　　*133*

に対してステージ4(破線)の死亡のリスクは高くなり,出力 3.4.4 より時点全体のハザード比は 1.556 となる.さらに図表 3.4.6 に示した時点ごとのハザード比をみると,手術時点のステージの影響は時間の経過とともに薄れている傾向にあることがわかる.

比例ハザード性の評価のための累積ショーンフェルド残差プロットを示す出力 3.4.5 をみると,最初の時期に累積ショーンフェルド残差が大きく上昇していることがわかる.特に,全体のハザード比よりも時点 0~2 の方がハザード比は大きく,ステージ4で死亡が起きやすいため,累積ショーンフェルド残差は時点 0~2 の区間で大きく上昇している.しかし,20 パターンの中に埋もれており,p 値も有意とはならない.

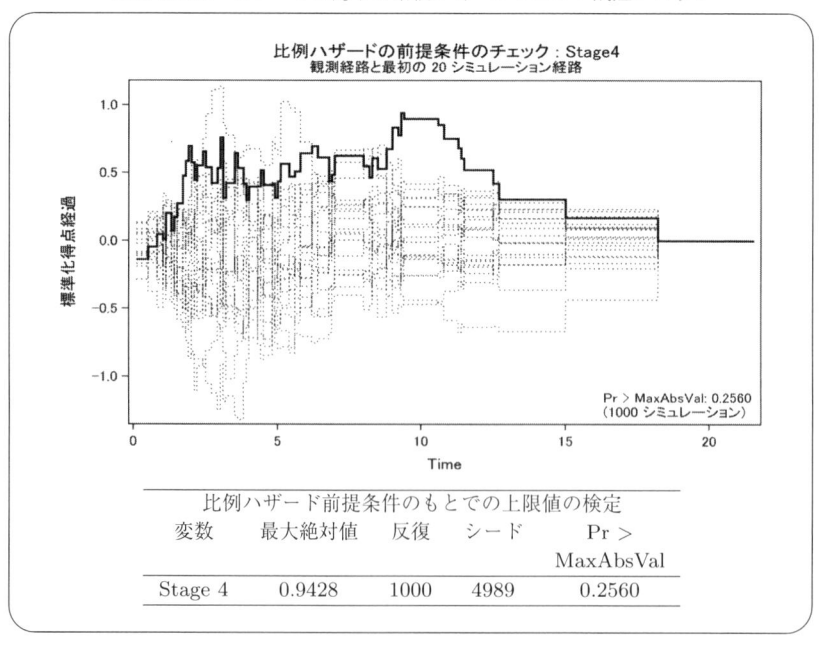

出力 **3.4.5** ステージに対する累積ショーンフェルド残差プロット

比例ハザード前提条件のもとでの上限値の検定				
変数	最大絶対値	反復	シード	Pr > MaxAbsVal
Stage 4	0.9428	1000	4989	0.2560

次に,図表 3.4.7 に示した処置別の生存時間曲線から,術中照射ありの方がハザードは低下していることがわかる.時点ごとにみると,例数不足による偶然の可能性が高いが,時点 2~4 の間のみ,術中照射ありの方がハザード

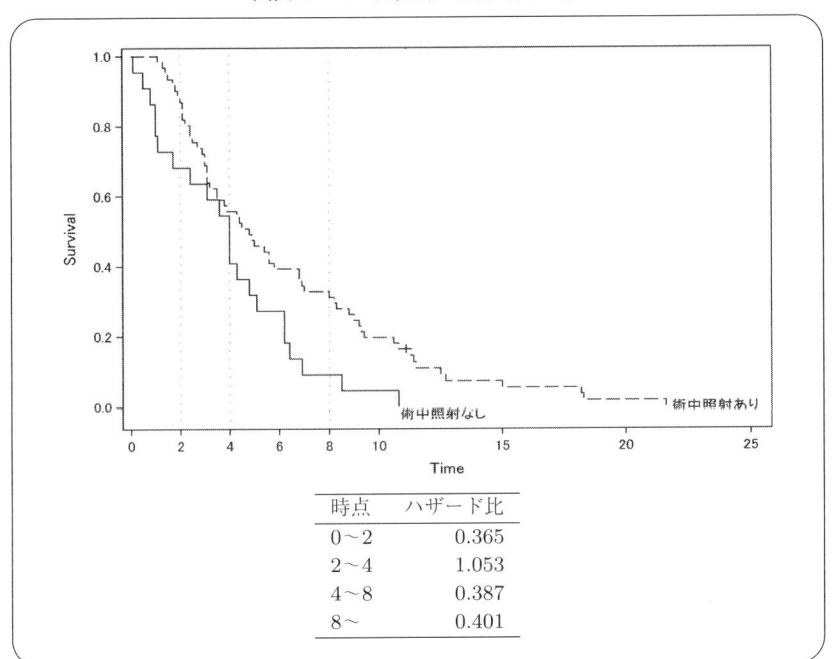

図表 3.4.7　処置別の生存時間曲線

時点	ハザード比
0〜2	0.365
2〜4	1.053
4〜8	0.387
8〜	0.401

は高くなっている．

累積ショーンフェルド残差プロットを示す出力 3.4.6 をみると，時点 2〜4 においてのみ，術中照射ありはモデルで期待されるよりも死亡しやすいことを示し，累積ショーンフェルド残差に大きな上昇が起きていることがわかる．しかし，20 パターンの中には埋もれており，検定結果も有意とはならなかった．

3.4.3　累積マルチンゲール残差プロットによる線型モデルの仮定の評価

3.4.2 項では，比例ハザード性の評価には累積ショーンフェルド残差プロットが有用であり，PHREG プロシジャの ASSESS 文で作成できることを示した．比例ハザード性の評価に加えて，対数ハザードに対して線型モデルを適用する妥当性として，2 次以上の項を含める必要があるか，あるいは対す

出力 3.4.6　処置に対する累積ショーンフェルド残差プロット

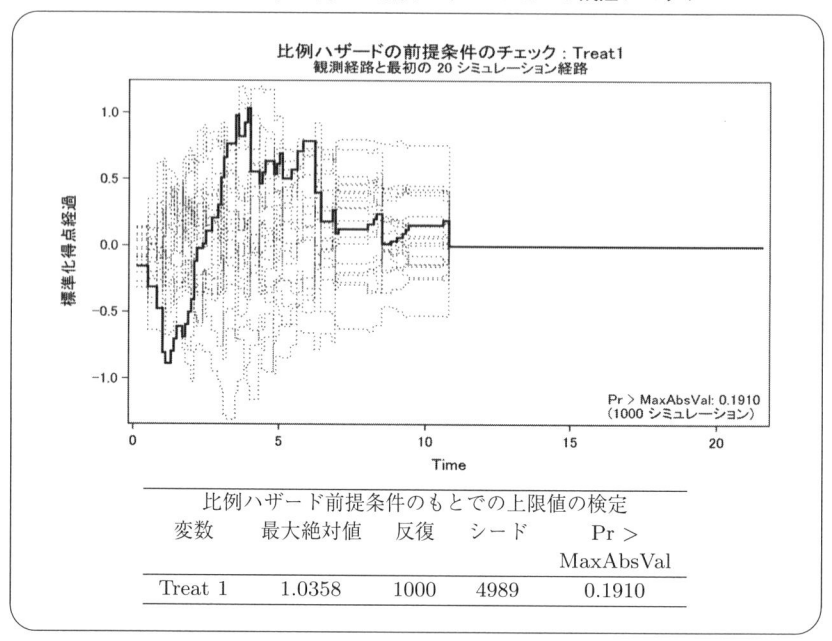

比例ハザードの前提条件のチェック：Treat1
観測経路と最初の 20 シミュレーション経路

Pr > MaxAbsVal: 0.1910
（1000 シミュレーション）

比例ハザード前提条件のもとでの上限値の検定

変数	最大絶対値	反復	シード	Pr > MaxAbsVal
Treat 1	1.0358	1000	4989	0.1910

ゴリカルデータ化する必要があるかといった問題については，累積マルチンゲール残差プロットが有用である．累積ショーンフェルド残差プロットと同じように，累積マルチンゲール残差プロットについても PHREG プロシジャの ASSESS 文で作成させることができ，マルチンゲール残差の累積和をとった累積マルチンゲール残差による線型性の仮定の評価ができる (Lin *et al.*, 1993). マルチンゲール残差の平均が 0 なので，累積マルチンゲール残差は 0 から始まり，0 に収束する．しかし，マルチンゲール残差を累積するので独立ではなく，さらに下にスソを引いた分布であるため評価は単純ではない．

累積マルチンゲール残差はモデルの関数形の評価に有用である．累積マルチンゲール残差プロットによる線型性の評価の例として，通常のように (i) の（対数ハザードに対して）線型モデルを仮定する．z_1 は共変量を表す．次に，真のモデルが対数をとった (ii) のモデル（関数形：$\beta_1 \log z_1$），すなわち (i) の線型モデルよりも低次のモデルが正しい場合に，(i) の線型モデルだと誤特定

して解析する場合を考える．一方で，2乗の項を含めた線型モデルよりも高次な (iii) のモデル（関数形：$\beta_1 z_1 + \beta_2 z_1^2$）が正しい場合を考える．さらに，閾値があり，閾値 c を超えると $\exp(\beta)$ だが，それまでは $\exp(0) = 1$ のモデル，すなわち閾値があり，2値データに分類して解析した方が良いモデル (iv)（関数形：$\beta_1 \cdot I(z_1 > c)$）が真のモデルである場合を考える．これら 4 つのモデルがそれぞれ真のモデルである場合，累積マルチンゲール残差プロットを用いてどのように線型性を評価するか説明する．

(i) $h(t) = h_0(t) \cdot \exp(\beta_1 z_1)$

(ii) $h(t) = h_0(t) \cdot \exp(\beta_1 \log z_1)$

(iii) $h(t) = h_0(t) \cdot \exp(\beta_1 z_1 + \beta_2 z_1^2)$

(iv) $h(t) = h_0(t) \cdot \exp(\beta_1 \cdot I(z_1 > c))$

$z_1 < c : h_0(t), \quad z_1 > c : h_0(t) \cdot \exp(\beta_1)$

ただし，$I(z_1 > c)$ は，$z_1 > c$ であれば 1，そうでなければ 0 をとる指示関数である．

図表 3.4.8 は横軸に共変量 z_1 をとり，線型モデルにおける関数形 $\beta_1 z_1$ と真のモデルにおける関数形 $\beta_1 \log z_1$，$\beta_1 z_1 + \beta_2 z_1^2$，$\beta_1 \cdot I(z_1 > c)$ の違いを表すプロットであり，図表 3.4.9 は (ii)〜(iv) が真のモデルである場合の残差プロットの模式図を示す．さらに，図表 3.4.10 は真のモデル (ii)〜(iv) を誤特定したモデルにおける関数形と真のモデルにおける関数形の累積マルチンゲール残差プロットの例を示す．線型モデルよりも低次のモデル (ii) が正しい場合，最初と最後の時期においては線型モデル (i) よりもハザードが低く，中間の時期においては線型モデル (i) よりもハザードが高いことを表している．累積マルチンゲール残差は，前半はモデルよりも死亡が起きにくいため下降し，中間はモデルよりも死亡が起きやすいため上昇し，最後は再び下降するようなプロットとなり，−sin 型の曲線になる．逆に，線型モデルよりも高次のモデル (iii) が正しい場合，累積マルチンゲール残差は +sin 型の曲線になる．すなわち，累積マルチンゲール残差が −sin 型であればモデルの次数を下げる必要があり，+sin 型であれば次数を上げる必要がある．また，閾値

図表 3.4.8 線型モデル（破線）と真のモデル（実線）の関数形

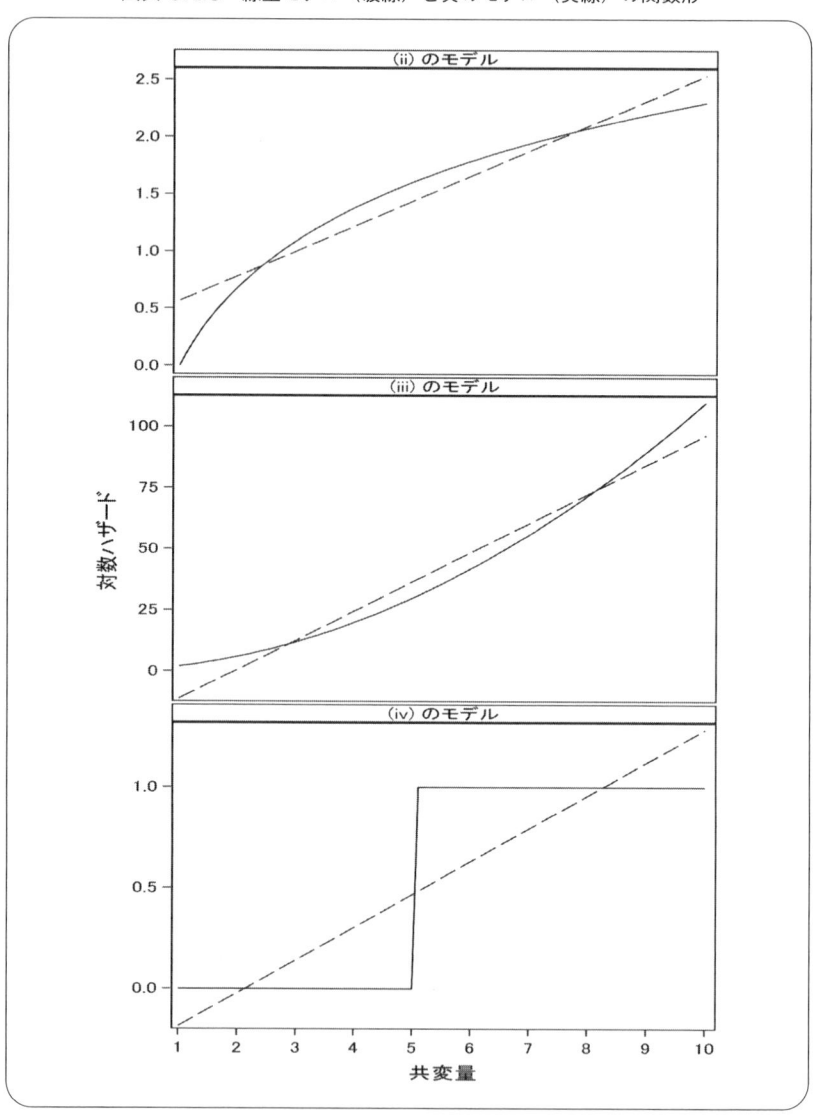

が存在するモデル (iv) が正しい場合，累積残差は M 字型の曲線となる．このように，理論上，線型モデルが正しいかどうか評価することができる（た

図表 3.4.9 線型モデルにおける関数形と真のモデルにおける関数形の残差プロット

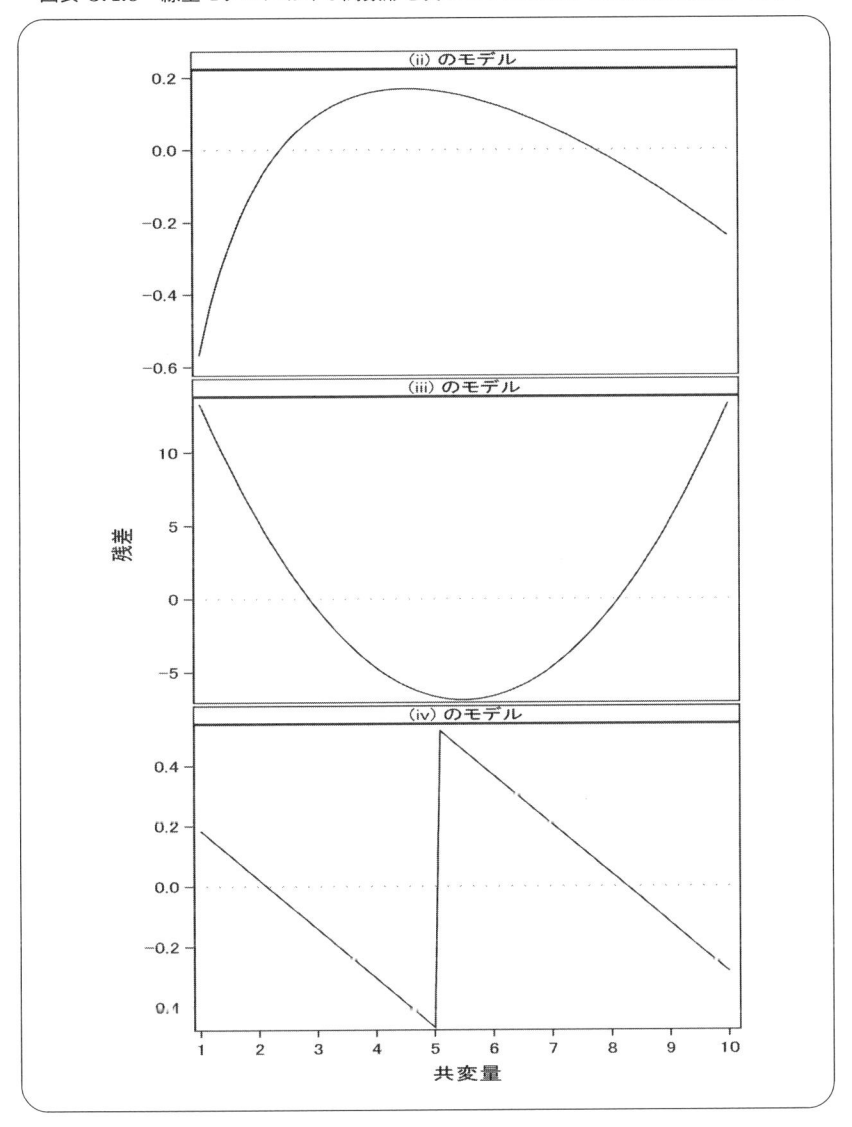

だし,実際の評価はノイズも多いため難しい).

図表 3.4.10　真のモデルを誤特定したときの累積マルチンゲール残差プロット

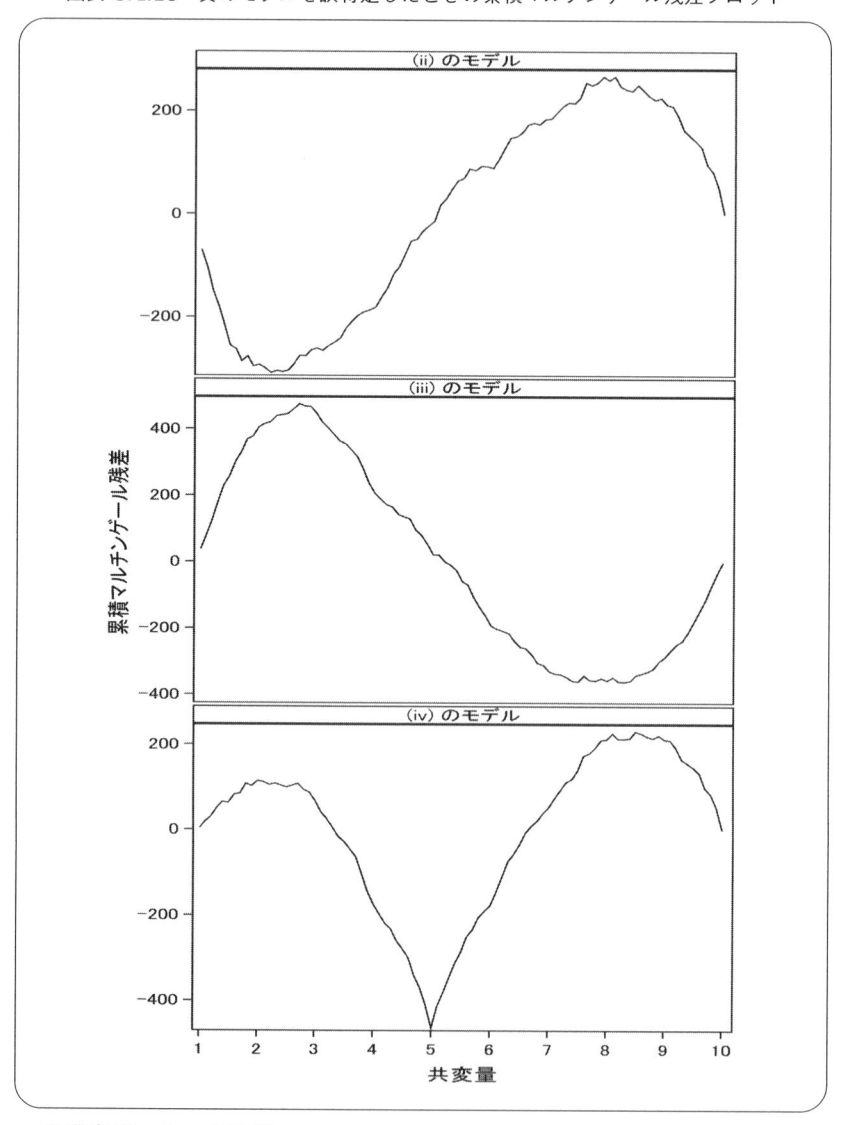

・膵臓癌データへの適用

膵臓癌データ（データセット名：Pcancer）に対して，線型モデルの仮定

140　第3章　コックス回帰によるハザード比の推定とその拡張（PHREG プロシジャ）

の評価を行う．3.4.2 項では，比例ハザード性の評価として，ステージを表す変数 Stage と術中照射の有無を表す変数 Treat に対して評価を行った．線型モデルの仮定の評価では，年齢を表す変数 Age の効果を連続量としてモデル化する妥当性の評価を行う．ASSESS 文では，累積ショーンフェルド残差プロットによる比例ハザード性の評価と同様のアプローチで，累積マルチンゲール残差プロットによる線型性の仮定の評価を行うことができる．前述のように，累積マルチンゲール残差が $-\sin$ 型であればモデルの次数を下げる必要があり，$+\sin$ 型であれば次数を上げる必要がある．

3.4.2 項の出力 3.4.4 において，年齢は有意とならず，線型モデルに当てはめた下で，年齢が 1 歳上がるとハザードは 1.013 倍となった．膵臓癌データに対して，年齢の効果を連続量としてモデル化する妥当性の評価として，プログラム 3.4.4 から得られる年齢に対する累積マルチンゲール残差プロットを出力 3.4.7 に示す．出力 3.4.7 をみると，$+\sin$ 型に近いプロットとなっており，次数を上げる必要性があることが示唆される．

プログラム 3.4.4 の ASSESS 文において，VAR=(Age) と指定することにより，(　) 内で指定した連続変数をモデル化する妥当性の評価を行うことができる．さらに，RESAMPLE オプションを指定することにより，関数型に対するコルモゴロフ型の統計量 (最大絶対値) の p 値が計算される．出力 3.4.7 は，横軸に共変量，縦軸に累積マルチンゲール残差をとった図であり，残差の和であるため，モデルより死亡が起きやすい場合の累積和は上昇し，逆に死亡が起きにくい場合の累積和は下降する．出力 3.4.7 より，60 歳前後で大きな下降がみられ，モデルよりも死亡が起きにくいことを示している．検定

プログラム 3.4.4　ASSESS 文による線型モデルの仮定の評価

```
ods graphics on;
ods select CumulativeResiduals FunctionalFormSupTest;
proc phreg data=Pcancer;
  class Stage(ref='3') Treat(ref='0');
  model Time*Censor(1) = Stage Treat Age;
  assess var=(Age) / seed=4989 resample;
run;
```

出力 3.4.7 年齢に対する累積マルチンゲール残差プロット

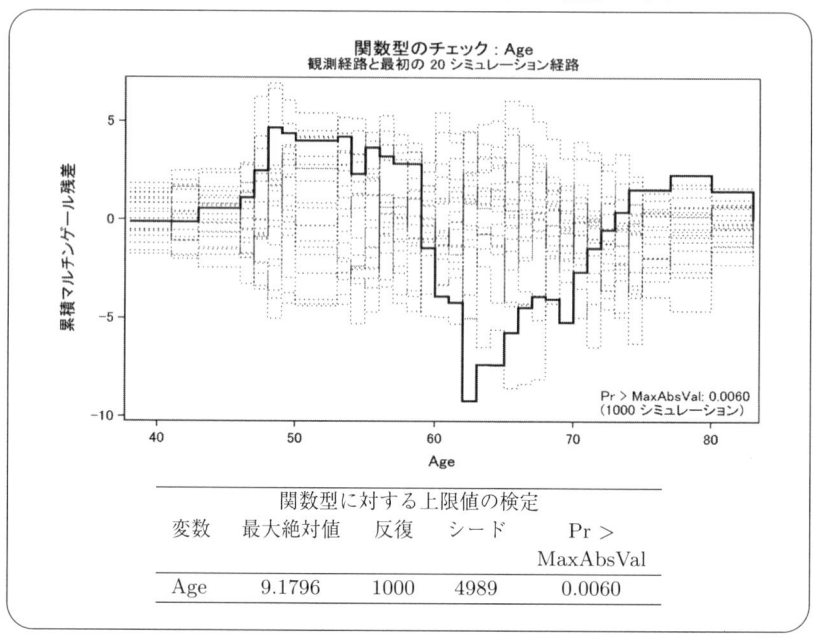

関数型のチェック：Age
観測経路と最初の 20 シミュレーション経路

	関数型に対する上限値の検定			
変数	最大絶対値	反復	シード	Pr > MaxAbsVal
Age	9.1796	1000	4989	0.0060

結果は p 値が 0.0060 となり，線型モデルが有意に当てはまっていないことがわかる．また，ASSESS 文において CRPANEL オプションを指定すると，出力 3.4.8 のように，20 回中の最初の 8 シミュレーション分のランダム標本における累積マルチンゲール残差プロットが出力される（ODS SELECT 文では，CumulativeResiduals の代わりに CumResidPanel を指定する）．

次に，年齢を 50 歳未満（変数 AgeC = 1），50 代 (AgeC = 2)，60 代 (AgeC = 3)，70 歳以上 (AgeC = 4) という 4 水準のカテゴリカルデータとして検討するためのプログラムをプログラム 3.4.5，結果を出力 3.4.9 に示す．50 歳未満のハザード比を 1 とした場合，50 代ではハザード比が 0.570，60 代ではハザード比が 0.711 と 1 を下回り，死亡が起きにくいことを示しているが，70 歳以上になるとハザード比が 1.413 と 1 を上回っている．よって，年齢の効果は線型的とはいえない．また，線型モデルでモデル化すると年齢は有意でなかったが（出力 3.4.4），カテゴリカルデータとしてモデル化すると p 値

出力 3.4.8　年齢に対する累積マルチンゲール残差プロット（8回のランダム標本）

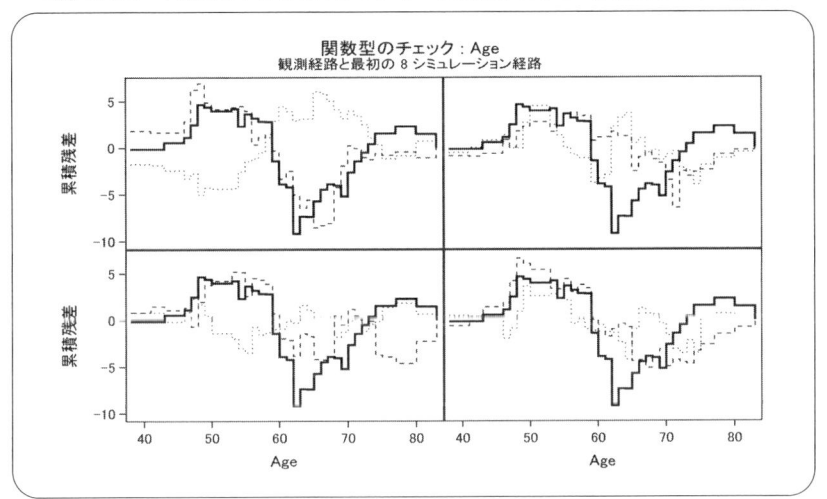

関数型のチェック：Age
観測経路と最初の8シミュレーション経路

プログラム 3.4.5　年齢カテゴリによる比例ハザードモデルの解析プログラム

```
ods select Type3 ParameterEstimates;
proc phreg data=Pcancer2;
  class Stage(ref='3') Treat(ref='0') AgeC(ref='1') / param=ref;
  model Time*Censor(1) = Stage Treat AgeC;
run;
```

が 0.0401 と有意な結果が得られた．以上のように，PHREG プロシジャの ASSESS 文を用いることによっても，年齢に対して線型モデルが適切でないことが評価できる．

3.5　フレイルティモデルと周辺コックスモデルによるクラスター生存時間データの解析

現実の生存時間解析の適用場面では，それぞれの対象個体について複数の相関のあるイベントが観測される場合がある．例えば，糖尿病性網膜症の進行をエンドポイントとした臨床研究を想定する場合，1人の個体について右眼の進行するまでの時間と左眼のそれとは相関のあるイベントである．この

出力 3.4.9　年齢カテゴリによる比例ハザードモデルの解析結果

効果	自由度	Type 3 検定 Wald カイ2乗	Pr > ChiSq
Stage	1	3.1478	0.0760
Treat	1	5.9056	0.0151
AgeC	3	8.3049	0.0401

最尤推定値の分析

パラメータ	自由度	パラメータ推定値	標準誤差	カイ2乗値	Pr > ChiSq	ハザード比
Stage 4	1	0.41034	0.23128	3.1478	0.0760	1.507
Treat 1	1	−0.67503	0.27777	5.9056	0.0151	0.509
AgeC 2	1	−0.56219	0.37011	2.3073	0.1288	0.570
AgeC 3	1	−0.34124	0.35567	0.9205	0.3373	0.711
AgeC 4	1	0.34543	0.39596	0.7610	0.3830	1.413

とき，それぞれの個体の左眼の進行，右眼の進行というように同じ種類のイベントが繰り返し観測される．生存時間解析において，複数の生存時間を独立とみなすことができない場合をクラスター生存時間データと呼ぶ．クラスター生存時間データに対する解析手法として，フレイルティ (frailty) モデルによる解析が適用されることがある．

固定効果とは性別の効果のように，その効果を普遍的な定数とみなすものである一方，変量効果とは，たまたま選ばれた施設の効果のように，ある母集団から変量の水準（値）がランダムに選ばれたとみなすものである．変量効果においては，効果のバラツキが関心のあるパラメータとなる．

"frailty" とは脆弱さという意味で，個体の中には強いものと弱いものが存在し，弱いものが先にイベントを起こすという想定の下，個体間変動をモデル化したものである．フレイルティモデルは，個体差を変量効果としてモデル化したものであり，PHREG プロシジャの RANDOM 文によって，(3.5.1) 式のように変量効果のモデル化を行うことで実行できる．

$$h_i(t) = h_0(t) \cdot u_i \exp(\beta_1 z_1 + \beta_2 z_2 + \cdots) \tag{3.5.1}$$

(3.5.1) 式では，通常の比例ハザードモデルに加えて，u_i という個体 i の効

果を含めている．個体 i の効果として，0 から $+\infty$ の係数を掛けることになるが，対数をとったスケール $\log u_i$ で，$\log u_i \sim N(0, \sigma^2)$ に従う変量効果（対数正規フレイルティモデル）を想定する（σ^2 は未知パラメータとする）．

現在の PHREG プロシジャでは，MIXED プロシジャにおいてよく利用されてきた RANDOM 文を指定できるようになり，フレイルティモデルによる解析が可能となった（MIXED プロシジャについては，Verbeke and Molenberghs (1997), 松山・山口（訳）(2001) を参照されたい）．

PHREG プロシジャによるクラスター生存時間データの解析として，右眼の失明までの時間と左眼の失明までの時間が含まれた糖尿病性網膜症のデータ（データセット名：Diab）を用いて解説を行う．このデータは，糖尿病性網膜症に対する治療法（変数名：Treat）としてレーザー治療 (Treat = 1) と他の治療 (Treat = 0) の比較を行うために得られたものであり，それぞれの患者（変数名：ID）は片側の眼にはレーザー治療，もう片側の眼には他の治療が行われた．197 名の両眼データが含まれているので，オブザベーション数としては 394 であり，評価項目は失明までの時間を表す変数 Time である．それぞれの患者の基礎疾患の発症時期（変数名：Type）として，発症時期が幼少（20 歳未満）であったか (Type = 0)，成人（20 歳以上）であったか (Type = 1) がデータとして得られている．

このとき，発症時期 2 通り，治療法 2 通りの $2 \times 2 = 4$ 本の生存時間曲線を描くためのプログラムをプログラム 3.5.1, その出力結果を出力 3.5.1 に示す．成人においては，レーザー治療ありに対するレーザー治療なしの生存時間曲線は下がり，失明までの時間が短くなっている．これに対して，幼少の時期に発症した場合においては，生存時間曲線でそこまで大きな差はなく，発症時期と治療法の間に交互作用がみられる．

まず，RANDOM 文を使わず，394 眼を独立としたプログラム 3.5.2 の解析結果を出力 3.5.2 に示す．発症時期と治療法の間の交互作用項は p 値が 0.0159 と有意になった．ところが，左右眼は遺伝的，環境的要因が類似しており，独立ではなく，正の相関がある．

出力 3.5.3 は，プログラム 3.5.3 から作成した散布図であり，左眼と右眼の失明までの時間を表している．相関係数 0.463 の正の相関があり，対角線上の両

プログラム 3.5.1　糖尿病性網膜症のデータに対するカプラン・マイヤー曲線

```
ods listing close;
ods graphics on;
ods output Survivalplot=Survivalplot;
proc lifetest data=Diab;
  time Time*Status(0);
  strata Treat Type;
run;
ods listing;
proc sgplot data=Survivalplot noautolegend;
  step x=Time y=Survival / group=StratumNum curvelabel;
  scatter x=Time y=Censored
      / group=StratumNum markerattrs=(symbol=plus);
  yaxis values=(0 to 1 by 0.2) label="Survival";
  xaxis values=(0 to 80 by 20);
  format StratumNum Diabgrpf.;
run;
```

出力 3.5.1　糖尿病性網膜症のデータに対するカプラン・マイヤー曲線

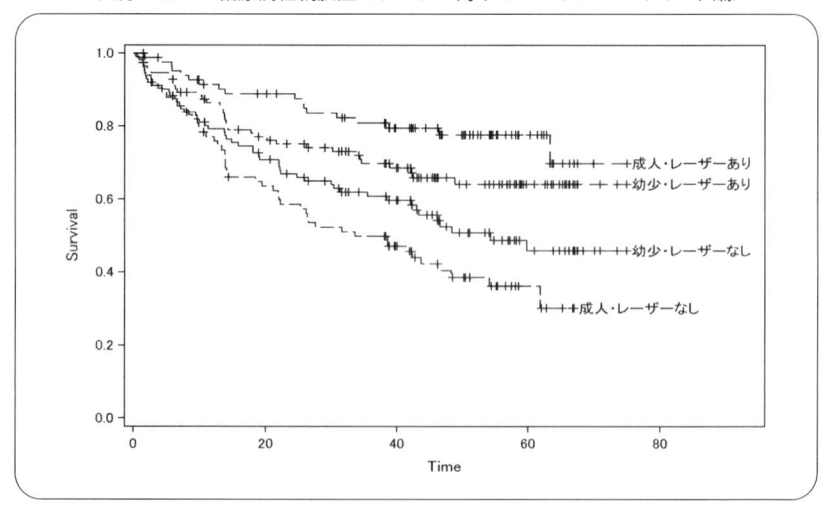

眼の時間を同一とした打ち切りデータを除いても 0.264 となった．また，打ち切りを含む生存時間データの相関の尺度として，近年コピュラ (Copula) がよく用いられている (Buyse et al., 2011; Oba et al., 2013)．コピュラの詳細に

プログラム 3.5.2　両眼を独立とした解析

```
ods select Type3 HazardRatios;
proc phreg data=Diab;
  class Type Treat;
  model Time*Status(0) = Treat Type Treat*Type;
  hazardratio Treat;
  id ID;
  format Type Typef. Treat Lazerf.;
run;
```

出力 3.5.2　両眼を独立とした解析結果

Type 3 検定

効果	自由度	Wald カイ 2 乗	Pr > ChiSq
Treat	1	3.8048	0.0511
Type	1	2.9265	0.0871
Type*Treat	1	5.8084	0.0159

ハザード比 Treat

説明	点推定値	95% Wald 信頼限界	
Treat レーザーあり vs レーザーなし At Type=成人	0.281	0.164	0.482
Treat レーザーあり vs レーザーなし At Type=幼少	0.654	0.427	1.002

プログラム 3.5.3　個体間の失明までの時間に対する散布図プログラム

```
proc transpose data=Diab out=tDiab;
  id treat;
  by id;
  var time;
run;
proc sgplot data=tDiab noautolegend;
  scatter x=_0 y=_1;
  ellipse x=_0 y=_1;
  yaxis label="Time (レーザー治療)";
  xaxis label="Time (他の治療)";
run;
```

については, Nelsen (2006), Joe (2014), Durante and Sempi (2015) などを参照されたい. なお, コピュラの計算として, 計量経済学・時系列分析の分野で

出力 3.5.3　個体間の失明までの時間に対する散布図

用いられている SAS/ETS (Econometrics and Time Series Analysis) において，COPULA プロシジャが正規版として利用可能である．COPULA プロシジャを含め，SAS によるコピュラの利用については，矢田・浜田 (2014)，矢田ら (2015) を参照されたい．

・周辺コックスモデルによる解析

　失明までの時間に対する左眼と右眼の相関を考慮した解析として，実際のデータの相関構造を反映したロバスト（サンドイッチ）分散を用いることが考えられる（MIXED プロシジャの EMPIRICAL オプションに対応する手法）．ロバスト（サンドイッチ）分散を用いた比例ハザードモデルは周辺コックスモデルと呼ばれる（加藤ら，2015）．周辺コックスモデルによる解析プログラムをプログラム 3.5.4，解析結果を出力 3.5.4 に示す．プログラム 3.5.4 の ID 文で個体識別番号を表す変数 ID を指定することによって，個体単位で分散を評価できる．COVS(AGGREGATE) がロバスト（サンドイッチ）分散の指定である．発症時期と治療法の間の交互作用項の p 値が 0.0053 となり，出力 3.5.2 の両眼を独立とした解析結果よりも高度に有意となった．

プログラム 3.5.4　周辺コックスモデルによる解析

```
ods select GlobalTests Type3 HazardRatios;
proc phreg data=Diab covs(aggregate);
  class Type Treat;
  model Time*Status(0) = Treat Type Treat*Type;
  hazardratio Treat;
  id ID;
  format Type Typef. Treat Lazerf.;
run;
```

出力 3.5.4　周辺コックスモデルによる解析結果

包括帰無仮説：BETA=0 の検定			
検定	カイ 2 乗値	自由度	Pr > ChiSq
尤度比	28.4556	3	<.0001
Score (Model-Based)	28.4009	3	<.0001
Score (Sandwich)	30.2958	3	<.0001
Wald (Model-Based)	26.3099	3	<.0001
Wald (Sandwich)	34.8673	3	<.0001

Type 3 検定			
効果	自由度	Wald カイ 2 乗	Pr > ChiSq
Treat	1	5.2713	0.0217
Type	1	3.0371	0.0814
Type*Treat	1	7.7622	0.0053

ハザード比 Treat			
説明	点推定値	95% Wald ロバスト信頼限界	
Treat レーザーあり vs レーザーなし At Type=成人	0.281	0.175	0.451
Treat レーザーあり vs レーザーなし At Type=幼少	0.654	0.455	0.940

・フレイルティモデルによる解析

　糖尿病性網膜症のデータに対して，フレイルティモデルによる解析を行う．フレイルティモデルでは，RANDOM 文において個体識別番号を表す変数 ID を変量効果として指定することによって，個体差をモデル化することができる．フレイルティモデルによる解析プログラムをプログラム 3.5.5，解析結果を出力 3.5.5 に示す．RANDOM 文で DIST = LOGNORMAL を指定し

プログラム 3.5.5 フレイルティモデルによる解析

```
ods select CovParms Type3 HazardRatios;
proc phreg data=Diab;
  class ID Type Treat;
  model Time*Status(0) = Treat Type Treat*Type;
  hazardratio Treat;
  random ID / dist=lognormal method=reml;
  format Type Typef. Treat Lazerf.;
run;
```

出力 3.5.5 フレイルティモデルによる解析結果

共分散パラメータ推定値

共分散パラメータ	REML Estimate	標準誤差
ID	0.8308	0.2145

Type 3 検定

効果	Wald カイ2乗	自由度	Pr > ChiSq	調整済み 自由度	調整済み Pr > ChiSq
Treat	4.8964	1	0.0269	0.9587	0.0252
Type	2.6386	1	0.1043	0.6795	0.0629
Type*Treat	7.1336	1	0.0076	0.9644	0.0071
ID	110.3916	.	.	74.2776	0.0042

ハザード比 Treat

説明	点推定値	95% Wald 信頼限界	
Treat レーザーあり vs レーザーなし At Type=成人	0.231	0.133	0.403
Treat レーザーあり vs レーザーなし At Type=幼少	0.607	0.391	0.945

て (デフォルト), 対数正規フレイルティモデルをあてはめている. DIST = GAMMA を指定すると, ガンマフレイルティモデル $(u_i \sim Ga(1/\theta, 1/\theta)$, $E(u_i) = 1$, $V(u_i) = \theta)$ をあてはめることもできる (θ は未知パラメータとする).

出力 3.5.5 より, ロバスト (サンドイッチ) 分散を用いた場合と同様に, 交互作用項の p 値が 0.0071 と高度に有意となった. また, 変量効果の分散 σ^2 (対数変換後の正規分布の分散) の推定値 (REML 推定) は $0.911^2 = 0.8308$ となり, ハザードの変動係数が 91% (対数正規分布では, 変動係数が対数

変換後の標準偏差にほぼ一致する）と非常に個体差が大きいと解釈できる．なお，REML は制限付き最尤法 (restricted maximum likelihood) を表し，RANDOM 文のデフォルトである (METHOD = REML)．最尤法で推定したい場合には，RANDOM 文のオプションで METHOD = ML を指定する．

本節で取りあげた，両眼のイベントを独立とした解析，周辺コックスモデルによる解析，およびフレイルティモデルによる解析を行った3つの結果を比較する．図表 3.5.1 より，個体差を考慮することによって，より高度に有意な結果が得られたことがわかる．この研究では，クロスオーバー試験のように，各個体に対して2種類の治療法を評価するので，個体差を考慮して個体間変動を誤差から除くことによって，治療効果の推定精度が上がったためだといえる．なお，個体単位で決定される発症時期の影響については，どの方法を用いても結果はほとんど変わらない．

図表 3.5.1　各解析モデルによる p 値の比較

解析モデル	独立	周辺コックスモデル	フレイルティモデル
Treat	0.0511	0.0217	0.0252
Type	0.0871	0.0814	0.0629
Type*Treat	0.0159	0.0053	0.0071

このように，クラスター内で異なった治療法を割り付けた場合に独立だとみなして解析を行うと，個体間差が誤差に含まれるため，第 I 種の過誤は保守的になり，分散が過大評価される．逆に，クラスター単位で治療法を割り付ける場合，独立だとみなして解析を行うと，例数を過大評価することになり，第 I 種の過誤は増大し，分散が過小評価される．

第4章
生存時間解析における例数設計
(POWERプロシジャ)

臨床試験の対象者数を予め設定することを例数設計と呼ぶ．はじめに，有名な物理学者 Richard Phillips Feynman (1918−1988) の言葉を紹介しよう．

> Scientific knowledge is a body of statements of varying degrees of certainty —— some most unsure, some nearly sure, none absolutely certain.

「科学的な知識に絶対的に確実なことはあり得ない．ましてや，人を扱う臨床研究においては不確実な要素が伴うのは必然である．」

臨床試験において例数設計が求められる理由として，有効性についての検定を行った際に，第Ⅰ種の過誤は有意水準を設定することで制御することができるが，第Ⅱ種の過誤は解析段階で制御することはできず，試験デザインの段階で設定した対象者数に依存することが挙げられる．そのため，第Ⅱ種の過誤（1 − 検出力）を制御するために適切な対象者数を設定する必要がある．また，臨床試験の対象者数を予め設定する意義として，倫理的・経済的な観点からの理由も挙げられる．臨床試験は人を対象として実施されるため，必要以上に多数の対象者を組み込むことは避けるべきである．加えて，臨床試験にかかる費用は高額であるため，試験実施者にとって大きな負担になるといえる．以上のことから，臨床試験において適切な対象者数を統計学的に設定することは重要な課題であるといえる．

評価項目が連続量データである場合，以下の 4 つの条件が例数に影響を与える．

- α 検定の有意水準（通常は両側 5%あるいは片側 2.5%）
- β 差を見逃す確率（1− 検出力であり，通常は 10~20%）
- σ 反応変数のバラツキの大きさ
- δ 予想される群間の平均値の差（臨床的に意義のある差）

α, β は検定の精度を表し，σ は試験デザインの際に設定される群内のバラツキの大きさ，δ は比較したい群間の効果の差を表している．α については，慣例的に両側 5%に設定されることが多く，β は 10~20%に設定されることが多い．このとき，1 群あたりに必要な例数は

$$n = \frac{2(z_{\alpha/2} + z_\beta)^2 \sigma^2}{\delta^2}$$

で与えられる．ただし，z_κ は標準正規分布の上側 $100 \cdot \kappa\%$ 点である．

図表 4.1 は，例数 n と 4 つの条件 $\alpha, \beta, \sigma, \delta$ との関係を示したペンタゴン（五角形）である．例数 n について求めるには，4 つの条件を設定する必要が

図表 4.1　例数設計のペンタゴン（評価項目：連続量データ）

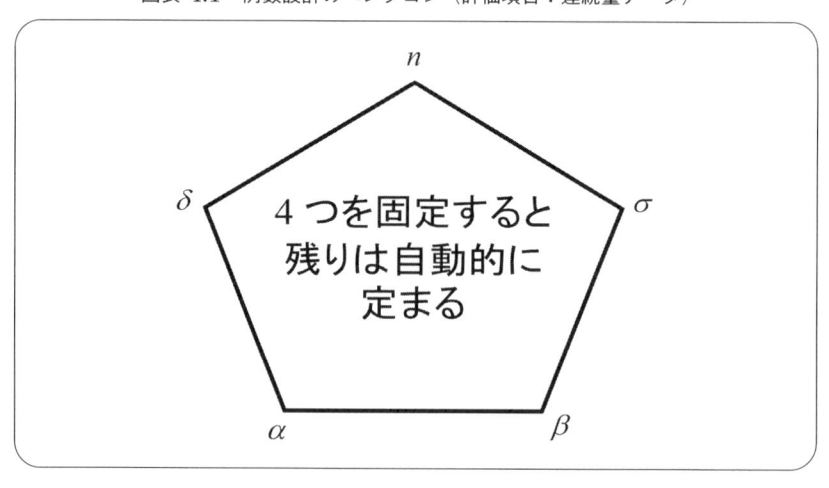

あることを解説した．例数 n に限らず，他の値を評価することも可能である．例えば，検出力 $(1-\beta)$ について評価したい場合は，差を見逃す確率 β を求めればよく，図表4.1のペンタゴンのように $\alpha, \sigma, \delta, n$ を固定すれば β を求めることが可能である（浜田，2010）．

生存時間解析における例数設計法として，フリードマンの方法 (Freedman, 1982) とショーンフェルドの方法 (Schoenfeld, 1981) がよく用いられる．これらは，ハザード比に基づいて計算できる打ち切りを考慮した例数設計法であり，DATA ステップで計算することが容易である．一方，SAS/STAT には例数設計を行うためのプロシジャとして，POWER プロシジャがサポートされている．POWER プロシジャではラカトスの方法 (Lakatos, 1988) が採用されており，2群の生存時間データを対象とした例数設計を行うことができる．

本章では，生存時間解析における例数設計法として，フリードマンの方法，ショーンフェルドの方法，ラカトスの方法を解説し，SAS の DATA ステップおよび POWER プロシジャによる例数設計法を解説する．なお，対照群 (C)，試験群 (E) で構成される2群間比較試験を想定し，群間の生存時間分布に差があるかどうか，ログランク検定で比較する場合を考える．例数設計にあたっては，前相の試験結果，あるいは海外で行われた臨床試験の結果を参考にした下で，いくつかの必要条件を設定して例数を求めることになる．生存時間解析における例数設計が通常の例数設計と異なる点は，例数が直接解析の精度を決める情報量となるわけではなく，死亡などのイベント数が情報量となる点である．そのため，例数設計時に解析時点までに発生するイベント数を見積もる必要がある．

4.1 節では，フリードマンの方法とショーンフェルドの方法の式を用いて，生存時間解析における例数設計の概要を示す．4.2節では，フリードマンの方法とショーンフェルドの方法の数理を解説し，DATA ステップによる例数設計のプログラムを示す．4.3節では，POWER プロシジャにおける生存時間解析の例数設計として，ラカトスの方法について，POWER プロシジャの構文とあわせて解説する．また，ラカトスの方法による生存時間分布に区分直線モデルを仮定した例数設計についても示す．

4.1 生存時間解析における例数設計の概要

生存時間解析においてはイベント数が情報量となる．そのため，いずれの方法においても必要イベント数を見積もり，必要イベント数を 2 群を併せたイベントの割合で除すことで求めることができる．

$$必要例数 = \frac{必要イベント数}{2\,群を併せたイベントの割合} \tag{4.1.1}$$

フリードマンの方法とショーンフェルドの方法では，必要イベント数を見積もる計算式が異なる．フリードマンの方法で算出される必要イベント数を D_F，ショーンフェルドの方法で算出される必要イベント数を D_S とすると，D_F と D_S は次の式で求まる．

フリードマン：
$$D_F = \frac{(z_{\alpha/2} + z_\beta)^2 (HR+1)^2}{(HR-1)^2} \tag{4.1.2}$$

ショーンフェルド：
$$D_S = \frac{4(z_{\alpha/2} + z_\beta)^2}{(\log(HR))^2} \tag{4.1.3}$$

(4.1.2) 式と (4.1.3) 式は，いずれも 2 群を併せたイベント数を表している．1 群あたりの必要イベント数を求めるためには，それぞれの式から求めた D_F あるいは D_S を 0.5 倍すればよい．

必要イベント数を算出するためには，(4.1.2) 式と (4.1.3) 式のいずれにおいても $z_{\alpha/2}, z_\beta, HR$ を設定しなければならない．$z_{\alpha/2}, z_\beta$ は前述のように検定の精度を表し，HR は比較したい群間のハザード比 (hazard ratio) を表す．

図表 4.1.1 は，生存時間解析における例数設計の概念図を示したオクタゴン（八角形）である（4.2 節で解説する方法に基づいて示している）．オクタゴンの角に示している項目のうち，上の 4 つの項目（イベント数 D_F あるいは D_S，ハザード比 HR, α, β）に基づき必要イベント数が算出され，下の 4 つの項目（フォローアップ期間，対照群の生存率あるいはハザード，登録期

図表 4.1.1　生存時間解析における例数設計のオクタゴン

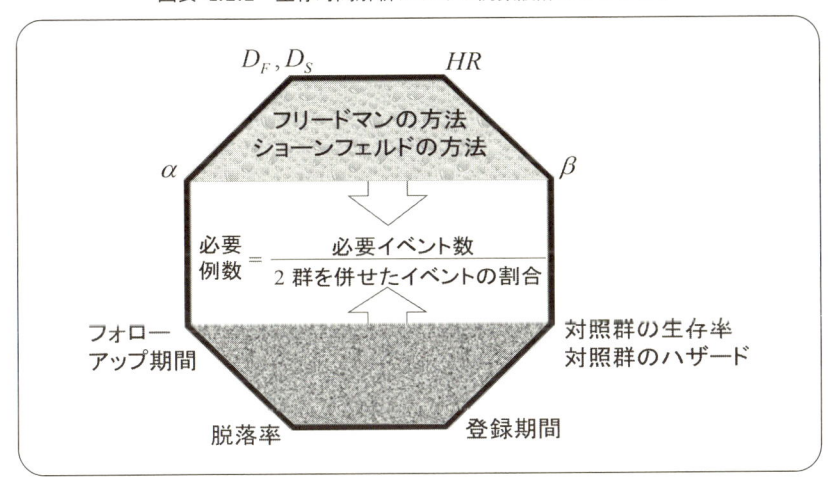

間，脱落率）に基づき2群を併せたイベントの割合が算出される．結果，必要例数は (4.1.1) 式で求めることができる．4.2.2 項および 4.2.3 項では，オクタゴンの上の4つの項目に基づく必要イベント数の計算式の数理を解説する．4.2.7 項では，オクタゴンの下の4つの項目に含まれる登録期間として，患者の登録が一定の速度で行われる場合に，2群を併せたイベントの割合の見積もりがどのように行われるかを解説する．なお，オクタゴンの下の4つの項目のうち，脱落率については，4.3.2 項の POWER プロシジャ（ラカトスの方法）で取りあげる．

4.1.1　ハザード比の見積もり

ハザード比 HR は，臨床家にとっては直感的なイメージをつかむのが困難な指標である．しかし，ハザード比にはいくつかの試算方法がある．

1) 時点 t^* における生存率 $\hat{S}(t^*) = \pi$ からの推定

指数分布では，時点 t における生存関数 $S(t)$ は次のように表される．

$$S(t) = \exp(-\lambda t) \tag{4.1.4}$$

生存時間分布が指数分布に従うとき，ハザードは時点によらず一定で λ となる．

時点 t^* における生存率 $\hat{S}(t^*) = \pi$ が求まれば，ハザード λ は

$$\log\pi = -\lambda t^*$$
$$\lambda = -\frac{\log\pi}{t^*}$$

として求めることができる．したがって，ある時点 t^* における試験群と対照群の生存率を $S_E(t^*) = \pi_E$, $S_C(t^*) = \pi_C$ とすると，ハザード比は (4.1.5) 式のようになる．

$$HR = \frac{\log\pi_E}{\log\pi_C} \tag{4.1.5}$$

2) メディアン生存時間に基づく推定

メディアン生存時間 M がわかっている場合は，生存時間分布に確率分布を想定して，ハザード比を求めることができる．生存時間分布が指数分布に従うとき，メディアン生存時間 M からハザード λ を求めると

$$\log S(M) = -\lambda M = \log\left(\frac{1}{2}\right)$$
$$\lambda = \frac{\log(2)}{M}$$

となるので，試験群と対照群のメディアン生存時間を M_E, M_C とすると，ハザード比は

$$HR = \frac{M_C}{M_E}$$

となる．ハザード比は，メディアン生存時間の比の逆数になる．

3) 人年法によるハザードの推定

イベントを起こした患者についてはイベント発生までの時間，打ち切り患者については打ち切りまでの時間を足し合わせた総観察時間，そして総イベント数がわかっていれば，人年法によるハザードの推定値

$$\text{ハザード} = \frac{\text{総イベント数}}{\text{総観察時間}}$$

を求めることができる．これを人年法によるハザードと呼ぶ．この方法で求めたハザードは，(4.1.4) 式における λ であり，生存時間分布に指数分布を仮定したときのパラメータの最尤推定量となる．

4.2 フリードマンの方法とショーンフェルドの方法

本節では，生存時間解析における例数設計法として，フリードマンの方法とショーンフェルドの方法を解説する．4.2.1 項では，これらの方法の解説の準備として，指数分布のパラメータ λ の最尤推定について説明する．4.2.2 項と 4.2.3 項では，フリードマンの方法とショーンフェルドの方法の数理を解説する．4.2.4 項では，フリードマンの方法とショーンフェルドの方法の数理的な比較を行う．4.2.5 項では，フリードマンの方法とショーンフェルドの方法がログランク検定の例数設計に対応する背景について解説する．4.2.6 項では，SAS の DATA ステップでフリードマンの方法とショーンフェルドの方法によって必要例数を計算するプログラム例を示す．そして，4.2.7 項と 4.2.8 項では，フリードマンの方法とショーンフェルドの方法により，登録期間やアンバランスな割付を考慮した例数設計を行う方法について解説する．

4.2.1 指数分布に基づくパラメータの最尤推定

指数分布のパラメータ λ の最尤推定を行う場合，死亡した個体の尤度関数への寄与は，死亡する確率を表す確率密度関数 $f(t)$ になる（死亡をイベントとする）．これに対し打ち切りを受けた個体については，まだ死亡が起きていないわけであるから，いつ死亡したかについては情報は得られていない．しかし打ち切りを受けた時点までは生存していた（死亡が起きるとすれば，この時点より後で起きた）ことはわかるので，打ち切りを受けた個体の寄与は，時点 t まで生存する確率 $S(t)$ となる．個体 j が死亡であれば 1，打ち切りであれば 0 をとるような変数を c_j とする．打ち切り個体を含めた尤度 L は，

$$L = \prod_{j=1}^{n} [f(t_j)^{c_j} S(t_j)^{1-c_j}] \tag{4.2.1}$$

となる．(4.2.1) 式では $c_j=1$ のときは $f(t_j)$，$c_j=0$ のときは $S(t_j)$ を掛けることになる．

生存時間分布に指数分布を仮定した場合

$$\begin{aligned}L &= \prod_{j=1}^{n} \{\lambda \cdot \exp(-\lambda t_j)\}^{c_j} \cdot \{\exp(-\lambda t_j)\}^{1-c_j} \\ &= \lambda^d \cdot \exp(-\lambda \sum t_j)\end{aligned} \tag{4.2.2}$$

となる．ここで，d は総観測数から打ち切りを受けた患者数を除いた総イベント数である．最尤推定では L が最大になるような λ を求める．このため通常は対数尤度をパラメータで微分した有効スコア関数が 0 となるような λ を求める．最尤法で求めたパラメータの精度を評価するために情報量が用いられる．情報量は対数尤度を 2 階微分したものにマイナスの符号をつけたものである．この情報量の逆数が推定値の分散になる．（パラメータが複数ある場合は，対数尤度をパラメータベクトルで 2 階微分したものにマイナスの符号をつけたものが情報行列で，この逆行列が分散・共分散行列になる．）順に数式で表すと，(4.2.2) 式より，

$$\text{対数尤度関数}\ :\ \log L = d \cdot \log \lambda - \lambda \sum t_j$$

$$\text{有効スコア関数}\ :\ \frac{\partial \log L}{\partial \lambda} = \frac{d}{\lambda} - \sum t_j$$

$$\text{最尤推定量}\ :\ h = \hat{\lambda} = \frac{d}{\sum t_j}$$

$$\text{観察情報量}\ :\ I = -\left.\frac{\partial^2 \log L}{\partial \lambda^2}\right|_{\lambda=h} = \frac{d}{h^2}$$

$$\text{最尤推定量の分散}\ :\ V[h] = \frac{1}{I} = \frac{h^2}{d}$$

となる．情報量の期待値をとったものをフィッシャー (Fisher) 情報量と呼ぶが，ここでは期待値をとらずに最尤推定値を代入している．この統計量を観

測情報量と呼ぶが，例数が大きい場合には，大数の法則によりこれをフィッシャー情報量の近似とみなすことができる．

4.2.2 フリードマンの方法

比較する対照群 (C) と試験群 (E) の母ハザードをそれぞれ λ_C, λ_E とすると，帰無仮説 H_0 と両側検定の対立仮説 H_A は次のようになる．

$$H_0 : \lambda_C = \lambda_E, \qquad H_A : \lambda_C \neq \lambda_E$$

λ_C, λ_E の最尤推定値を h_C, h_E と置くと，帰無仮説を検定するために，h_C と h_E の差をその標準誤差と比較する．すなわち，次式の Z 統計量を検定統計量として用いる．

$$Z = \frac{h_E - h_C}{\sqrt{V[h_E - h_C]}} = \frac{h_E - h_C}{\sqrt{\frac{h_E^2}{d_E} + \frac{h_C^2}{d_C}}} \qquad (4.2.3)$$

(4.2.3) 式で，d_C, d_E は各群のイベント数を表す．

帰無仮説の下では $\lambda_1 = \lambda_2 = \lambda$ なので，2つの群でほぼ

$$h_C \approx h_E \approx \frac{h_C + h_E}{2} = h \qquad d_C \approx d_E \approx \frac{d_C + d_E}{2} = d$$

が成り立つ．

(4.2.3) 式の分母を2つの群の平均の h と d で置き換えると

$$Z = \frac{h_E - h_C}{\sqrt{\frac{h_E^2}{d_E} + \frac{h_C^2}{d_C}}} \approx \frac{h_E - h_C}{\sqrt{\frac{h^2}{d} + \frac{h^2}{d}}} = \frac{h_E - h_C}{\sqrt{\frac{2h^2}{d}}} = \frac{h_E - h_C}{\frac{h_E + h_C}{2} \sqrt{\frac{2}{d}}}$$

となる．ここで，最尤推定量の分布は漸近的に正規分布にしたがうので，Z 統計量の帰無仮説の下での分布は正規分布で近似できる．よって，

$$Z = z_{\alpha/2} + z_\beta$$

とおく．この等式は各群のハザード h_C, h_E を与えると，d のみが未知数であり，この式を d について解くことにより，1群あたりに必要なイベント数を求めることができる．

$$Z^2 = \frac{(h_E - h_C)^2}{\frac{(h_E + h_C)^2}{2d}} = (z_{\alpha/2} + z_\beta)^2$$

$$= \frac{(h_E/h_C - 1)^2}{\frac{(h_E/h_C + 1)^2}{2d}} = \frac{(HR - 1)^2}{\frac{(HR + 1)^2}{2d}}$$

これを d について解くと,

$$d = \frac{(z_{\alpha/2} + z_\beta)^2 (HR + 1)^2}{2(HR - 1)^2} \quad (4.2.4)$$

となる.(4.2.4) 式は,フリードマンの方法による 1 群あたりに必要なイベント数を表している.すなわち,フリードマンの方法による 2 群を併せた必要イベント数 D_F は

$$D_F = 2d = \frac{(z_{\alpha/2} + z_\beta)^2 (HR + 1)^2}{(HR - 1)^2}$$

となり,(4.1.1) 式のように,2 群を併せたイベントの割合で除すことで必要例数を求めることができる.対照群 (C),試験群 (E) の最終生存割合をそれぞれ π_C, π_E とすると,仮説の下で想定される 2 群を平均したイベントの発生割合は,途中脱落がなく,すべての個体の総観察期間が等しければ,

$$2 \text{群を併せたイベントの割合} = \frac{(1 - \pi_C) + (1 - \pi_E)}{2}$$

$$= \frac{2 - \pi_C - \pi_E}{2}$$

となる.よって,フリードマンの方法で算出される必要例数 N_F は

$$N_F = D_F \times \frac{2}{2 - \pi_C - \pi_E}$$

$$= \frac{(z_{\alpha/2} + z_\beta)^2 (HR + 1)^2}{(HR - 1)^2} \times \frac{2}{2 - \pi_C - \pi_E} \quad (4.2.5)$$

となる.

4.2.3 ショーンフェルドの方法

フリードマンの方法は，2群間でハザードの差が0であるとして検定統計量を導いたが，次のように帰無仮説と対立仮説を設定することもできる．

$$H_0 : HR = \frac{\lambda_E}{\lambda_C} = 1, \qquad H_A : HR \neq 1$$

すなわち，帰無仮説として対照群に対する試験群のハザード比を1とおいてもよい．この式の対数をとると，帰無仮説と対立仮説は

$$H_0 : \log HR = \log \lambda_E - \log \lambda_C = 0, \qquad H_A : \log HR \neq 0$$

となる．このような帰無仮説の下での例数設計法がショーンフェルドの方法である．(4.2.3) 式では，変換前のハザードが0であるかどうかを検定したが，ハザードは正の値しかとらない．そのためハザードの推定値 h は右に裾を引いた歪んだ分布になるので，例数が小さいときは正規分布による近似は適切ではない．これに対して，対数変換した場合ハザードが1未満のときは負，1より大きいときは正の値をとり，正規分布の定義域と合致する．このため正規近似の精度が改善される．ハザードの推定値を対数変換した $\log h$ の分散はデルタ法により近似的に次のようになる．

$$V[\log h] \approx \left(\frac{\partial \log h}{\partial h} \right)^2 \cdot V[h]$$
$$= \frac{1}{h^2} \cdot \frac{h^2}{d} = \frac{1}{d}$$

したがって，対数ハザードの差が0であるかを検定する場合の Z 統計量は

$$Z = \frac{\log(h_E) - \log(h_C)}{\sqrt{V[\log(h_E) - \log(h_C)]}} \approx \frac{\log(h_E) - \log(h_C)}{\sqrt{\dfrac{1}{d_E} + \dfrac{1}{d_C}}}$$

となる．フリードマンの方法と同様に，帰無仮説の下では $d_C \approx d_E \approx (d_C + d_E)/2 = d$ が成り立つので，d_C, d_E を d で置き換えると

$$Z = \frac{\log(h_E) - \log(h_C)}{\sqrt{\frac{1}{d} + \frac{1}{d}}} \approx \frac{\log(h_E) - \log(h_C)}{\sqrt{\frac{2}{d}}}$$

となる．ここで，最尤推定量の分布は漸近的に正規分布に従うので，Z 統計量の帰無仮説の下での分布は正規分布で近似できる．よって，

$$Z = z_{\alpha/2} + z_\beta$$

とおく．この等式は各群のハザード h_C, h_E を与えると，d のみが未知数であり，この式を d について解くことにより，1 群あたりに必要なイベント数を求めることができる．

$$Z = \frac{\log(h_E) - \log(h_C)}{\sqrt{\frac{2}{d}}} = z_{\alpha/2} + z_\beta$$

$$Z^2 = \frac{(\log(h_E) - \log(h_C))^2}{\frac{2}{d}} = (z_{\alpha/2} + z_\beta)^2$$

これを d について解くと，

$$d = \frac{2(z_{\alpha/2} + z_\beta)^2}{(\log(HR))^2} \tag{4.2.6}$$

となる．(4.2.6) 式は，ショーンフェルドの方法で算出される 1 群あたりに必要なイベント数を表している．すなわち，ショーンフェルドの方法による 2 群を併せた必要イベント数 D_S は

$$D_S = 2d = \frac{4(z_{\alpha/2} + z_\beta)^2}{(\log(HR))^2}$$

となり，これを 2 群を併せたイベントの割合で除すことで，必要例数を求めることができる．よって，ショーンフェルドの方法で算出される必要例数 N_S は，

$$\begin{aligned} N_S &= D_S \times \frac{2}{2 - \pi_C - \pi_E} \\ &= \frac{4(z_{\alpha/2} + z_\beta)^2}{(\log(HR))^2} \times \frac{2}{2 - \pi_C - \pi_E} \end{aligned} \tag{4.2.7}$$

となる．

4.2.4 フリードマンの方法とショーンフェルドの方法の比較

フリードマンの方法がハザードの差が 0 であるかの検定に対応するのに対し，ショーンフェルドの方法は対数変換後のハザードの差が 0（ハザード比が 1）であるかの検定に対応する．フリードマンの方法で算出される必要イベント数 D_F とショーンフェルドの方法で算出される必要イベント数 D_S を比較する．

$$D_F = \frac{(z_{\alpha/2} + z_\beta)^2 (HR+1)^2}{(HR-1)^2}$$

$$D_S = \frac{4(z_{\alpha/2} + z_\beta)^2}{(\log(HR))^2}$$

いずれの式においても，$(z_{\alpha/2} + z_\beta)^2$ の項を共通してもつ．また，どちらの式もハザード比 HR に対する非線型関数となっている．そこで，両式の違いを明らかにするため，非線型関数を多項式で近似するテイラー展開を適用してみる．関数 $f(x)$ を a の周りでテイラー展開して 2 次式で近似すると，

$$f(x) \approx f(a) + f'(a)(x-a) + \frac{f''(a)(x-a)^2}{2}$$

となる．

まず，$\log(HR)$ を 1 の周りでテイラー展開して 2 次式で近似すると，

$$\log(HR) \approx \log(1) + (HR-1) - \frac{(HR-1)^2}{2}$$
$$= (HR-1) - \frac{(HR-1)^2}{2} \tag{4.2.8}$$

となる．これに対して，$(HR-1)/(HR+1)$ を $HR=1$ の周りでテイラー展開すると，

$$\frac{(HR-1)}{(HR+1)} \approx \frac{(HR-1)}{2} - \frac{(HR-1)^2}{4} \tag{4.2.9}$$

となる．(4.2.8) 式と (4.2.9) 式より，テイラー展開により 2 次式で近似すると，

$$\frac{2\cdot(HR-1)}{(HR+1)} \approx \log(HR)$$

が近似的に成り立ち，2 種類の関数は一致する．両辺を 2 乗後，0.25 倍すると

$$\frac{(HR-1)^2}{(HR+1)^2} \approx \frac{1}{4}(\log(HR))^2$$

となり，両式の分母に対応するため，帰無仮説：$HR=1$ の近傍では，両式はほぼ等しくなることがわかる．実際，$(\log(HR))^2/4$ の方が $(HR-1)^2/(HR+1)^2$ より若干大きめの値をとるため，（群間の割付比が 1：1 である場合）フリードマンの方法と比べて，ショーンフェルドの方法の方が必要例数は必ず少なくすむ．ハザード比が 1 から離れるにつれ，フリードマンの方法では検出力が名義水準に比べて過剰になってしまうが，ショーンフェルドの方法では検出力は名義水準に到達できないことがあると報告されている（水澤・浜田，2008；魚住ら，2009）．

4.2.5 ログランク検定との関連

フリードマンの方法とショーンフェルドの方法は，指数分布のパラメータの検定に基づいた例数設計法に相当することを示した．しかし，これらの方法は，一般に特定の分布を仮定しないノンパラメトリックなログランク検定ベースの方法と呼ばれている．これはなぜだろうか．本項では，ノンパラメトリック検定でありながら，ログランク検定がハザード比の検定と密接な関連を有することについて解説する．

ログランク検定とハザード比の関連について，図表 4.2.1 の仮想例を用いて解説する．このデータに対して，LIFETEST プロシジャでログランク検定を

図表 **4.2.1** 仮想例

群 j							
1	── × ── × ──────── × ────────→						
2	──────────── × ──────── × ── × ──→						
時点 i	1	2	3		4	5	6
実時間	4	5	6		9	10	11

実施するためのプログラムをプログラム 4.2.1, 出力を出力 4.2.1 に示す. プログラム 4.2.1 では, LIFETEST プロシジャの実行前に ODS SELECT 文を追記することで, ログランク検定のスコア統計量とその分散, カイ 2 乗統計量のみ出力している.

プログラム **4.2.1** 仮想例に対するログランク検定の実行

```
data work;
input group time censor @@;
cards;
1 4 1 1 9 1 1 5 1
2 10 1 2 6 1 2 11 1
;
ods select HomStats LogrankHomCov HomTests;
proc lifetest data=work notable;
  time time*censor(0); strata group;
run;
```

出力 **4.2.1** ログランク検定の結果

	順位統計量	
group	ログランク	Wilcoxon
1	1.5167	7.0000
2	−1.5167	−7.0000

ログランク検定の共分散行列		
group	1	2
1	0.899722	−.899722
2	−.899722	0.899722

層に対しての同等性の検定			
検定	カイ 2 乗値	自由度	Pr > Chi-Square
ログランク	2.5567	1	0.1098
Wilcoxon	2.4500	1	0.1175
−2Log(LR)	0.2449	1	0.6207

出力 4.2.1 より, ログランク検定のカイ 2 乗統計量は, 群 1 のスコア u_1 を

用いる場合，その分散 V_{11} を用いて

$$\chi^2 = \frac{u_1^2}{V_{11}} = \frac{(1.5167)^2}{0.899722} = 2.5567 \tag{4.2.10}$$

と計算される．

一方，ピトー (Peto) 法によって，対数ハザード比 $\log HR$ は

$$\log HR = \frac{u_1}{V_{11}}$$

と推定でき，$\log HR$ の分散は近似的に

$$V[\log HR] = \frac{1}{V_{11}}$$

で与えられる．図表 4.2.1 の仮想例では，

$$\log HR = \frac{u_1}{V_{11}} = \frac{1.5167}{0.899722} = 1.6857$$

$$HR = \exp\left(\frac{u_1}{V_{11}}\right) = \exp(1.6857) = 5.396$$

$$V[\log HR] = \frac{1}{V_{11}} = \frac{1}{0.899722} = 1.1115$$

となる．

通常，ハザード比を推定するためにはコックス回帰を行うが，ピトー法で求めたハザード比はコックス回帰でニュートン・ラフソン (Newton-Raphson) 法による反復計算を 1 回しか行わない場合の推定値と一致する．このことをプログラム 4.2.2 で確認する．

プログラム **4.2.2** 仮想例に対するコックス回帰の実行

```
ods select ParameterEstimates;
proc phreg data=work;
  class group;
  model time*censor(0) = group / maxiter=1;
run;
```

コックス回帰を行うための PHREG プロシジャでは，MODEL 文で MAX-ITER = を指定することにより最大反復計算数を制限できる．プログラム

出力 4.2.2 コックス回帰の結果

Warning：モデルの当てはめの妥当性は疑わしいです．

最尤推定値の分析

パラメータ	自由度	パラメータ推定値	標準誤差	カイ2乗値	Pr > ChiSq	ハザード比
group	1	1.68571	1.17120	2.0716	0.1501	5.396

4.2.2 では，最大反復計算数を 1 回のみとしている（ただし，モデルの当てはめの妥当性は疑わしいという警告が出てしまう．ここでは説明のために最大反復計算数を指定しているだけで，実際に指定することを推奨しているわけではない）．

PHREG プロシジャの出力 4.2.2 より，ピトー法で求めた対数ハザード比 1.6857 と一致していることを確認できる．なお，ITPRINT オプションを指定して実行すれば，MAXITER = オプションを指定しないと 2 回で収束することを確認できる．一般にピトー法はコックス回帰によるハザード比の推定値をよく近似できるが，推定値の絶対値が低めに評価される．

対数ハザード比を $\hat{\beta}$，その分散を $V[\hat{\beta}]$ とすると，対数ハザード比が 0（ハザード比が 1）かどうかのワルド (Wald) 検定統計量は以下のように構成できる．

$$Z = \frac{\hat{\beta}}{\sqrt{V[\hat{\beta}]}} = \frac{u_1}{V_{11}} \cdot \sqrt{V_{11}} \qquad (4.2.11)$$

(4.2.11) 式を 2 乗すると，(4.2.10) 式のログランク検定のカイ 2 乗統計量と等しくなる．以上示したように，ログランク検定は対数ハザード比が 0，すなわち群間で対数ハザードの差が 0 かどうかを検定していると考えることもできる．

ここで，2.2.1 項で示したログランク検定の分散

$$V_{11} = \sum_i \frac{(n_i - n_{i1})n_{i1}d_i(n_i - d_i)}{n_i^2(n_i - 1)}$$

はリスク集合の大きさに対してイベント数が少ないとき，近似的に

$$V_{11} \approx \sum_i \frac{(n_i - n_{i1})n_{i1}d_i}{n_i^2}$$

となる．帰無仮説の近傍ではどちらの群でも同様にイベントが発生するので，リスク集合の大きさはどの時点でも等しく，$(n_i - n_{i1}) \approx n_{i1}$ となり，

$$V_{11} \approx \sum_i \frac{n_{i1}^2 d_i}{(2n_{i1})^2} = \sum_i \frac{d_i}{4} = \frac{d}{2}$$

と近似できる．ただし，d は 1 群あたりの平均イベント数を表す．

したがって，(4.2.11) 式より

$$Z = \frac{u_1}{V_{11}} \cdot \sqrt{V_{11}} = \log HR \cdot \sqrt{\frac{d}{2}} = z_{\alpha/2} + z_\beta$$

であり，d について解くと，

$$d = \frac{2(z_{\alpha/2} + z_\beta)^2}{(\log HR)^2}$$

となる．$2d$ を計算すると，ショーンフェルドの方法で求める必要イベント数 D_S に一致することがわかる．

よって，ログランク検定に基づいた例数設計は，ショーンフェルドの方法，あるいはハザード比が 1 に近いときはショーンフェルドの方法とほぼ等しいイベント数となるフリードマンの方法を用いて近似できる．また，ログランク検定ベースのハザード比の推定は，コックス回帰の係数 β（対数ハザード比）が 0 かどうかを検定する場合も精度よく近似できる．以上のように，少し奇妙ではあるが，パラメトリックに指数分布を仮定した場合のハザード比の検定，セミパラメトリックなコックス回帰，ノンパラメトリックなログランク検定の 3 つのアプローチのいずれを採用しても，例数設計についてはほぼ同様となる（このような事情のため，ログランク検定をコックス・マンテル・ヘンセル (Cox-Mantel-Haenszel) 検定と呼ぶこともある）．

4.2.6 DATA ステップによる例数設計

フリードマンの方法とショーンフェルドの方法に基づく例数設計は，DATA ステップ上の容易なプログラムにより実行可能である．

時点 t^* における群 g の生存率 $\hat{S}_g(t^*) = \pi_g$ から，ハザード比を推定して，例数設計を行う場合を考える．有意水準 $\alpha = 0.05$（両側），$\beta = 0.20$，対照

群 (C) における 5 年生存率 = 0.65，試験群 (E) における 5 年生存率 = 0.80（フォローアップ期間はすべての個体で等しく 5 年とする），群間の割付比を 1 : 1 とした条件の下，イベント数および必要例数を計算するプログラムをプログラム 4.2.3，出力結果を出力 4.2.3 に示す．

プログラム **4.2.3** フリードマンの方法とショーンフェルドの方法に基づく例数設計

```
data sample1;
  alpha=0.05; beta=0.2;
  pic=0.65; pie=0.80;
  followup=5;
  lambdac=-log(pic)/followup; lambdae=-log(pie)/followup;
  HR=lambdae/lambdac;
  za=probit(1-alpha/2); zb=probit(1-beta);
  Dtotal_F=(za+zb)**2*(HR+1)**2/((HR-1)**2);
  Ntotal_F=Dtotal_F*2/(2-pic-pie);
  Dtotal_S=4*(za+zb)**2/(log(HR)**2);
  Ntotal_S=Dtotal_S*2/(2-pic-pie);
run;
proc print data=sample1 noobs;
  var lambdac lambdae HR Dtotal_F Ntotal_F Dtotal_S Ntotal_S;
run;
```

出力 **4.2.3** フリードマンの方法とショーンフェルドの方法に基づく例数

lambdac	lambdae	HR	Dtotal_F	Ntotal_F	Dtotal_S	Ntotal_S
0.086157	0.044629	0.51800	77.8478	283.083	72.5595	263.853

5 年生存率から，対照群のハザード (λ_C) は 0.086，試験群のハザード (λ_E) は 0.045 となる．ハザードは「/年」という単位をもつことに注意する必要がある．生存時間の単位が年ではなく，月で測られている場合，5 年の代わりに 60 ヶ月で除すことになり，このときの単位は「/月」である．対照群と試験群のハザードから，ハザード比 HR は 0.52 となる．フリードマンの方法では，必要例数は 283.08 と計算されるので，切り上げて必要例数は 284 例となる．一方，ショーンフェルドの方法では 264 例となる．参考までに，5 年

時点の生存率 65%と 80%を用いて，イベントの有無の 2 値データに基づいて検定を行うための必要例数を示すと 276 例となる．生存時間解析では，イベントの有無だけでなく，生存時間の長さの情報を利用することで，2 値データに対する解析を行う場合の必要例数とは異なることを確認できる．

4.2.7 登録期間を考慮した例数設計

実際の臨床試験では，患者は逐次的に登録され，一度にすべての患者が組み入れられるわけではない．例えば，登録期間を 2 年として，その後 5 年間のフォローアップ期間を設定した試験では，終わりの方に登録された患者のフォローアップ期間は 5 年間だが，初期の登録例は 7 年近く追跡され，全員のフォローアップ期間を 5 年とした場合に比べて，期待イベント数は増え，若干であるが検出力も増大する．このとき，登録期間を考慮した例数設計法を説明する．臨床試験の登録期間を A 年，フォローアップ期間を F 年とする．患者の登録は一定の速度で，範囲 $0 \sim A$ を確率密度 $1/A$ で一様分布にしたがって登録されると仮定する．このとき，群 g における登録時点 t の個体の $(A+F)$ 年経過後の期待イベント割合を $P_g(D \mid t)$ とすると，登録時点 t は範囲 $0 \sim A$ を $1/A$ の確率で一様に分布する．よって，群 g における試験期間中の期待イベント割合 $P_g(D)$ は

$$\begin{aligned}
P_g(D) &= \int_0^A P_g(D \mid t) \cdot \frac{1}{A} dt \\
&= 1 - \frac{1}{A} \int_0^A S_g(D \mid t) dt \\
&= 1 - \frac{1}{A} \int_0^A S_g(A + F - t) dt
\end{aligned}$$

となる．ここで，$S_g(A+F-t)$ は時点 $(A+F-t)$ における患者の生存関数であり，生存時間分布が指数分布にしたがうと仮定すると，

$$\begin{aligned}
P_g(D) &= 1 - \frac{1}{A} \int_0^A \exp\{-\lambda_g \cdot (A + F - t)\} dt \\
&= 1 - \frac{\exp(-\lambda_g F)\{1 - \exp(-\lambda_g A)\}}{A \lambda_g}
\end{aligned}$$

となる．ただし，λ_g は群 g におけるハザードを表す指数分布の母数である．登録期間を考慮しない場合は，$A \approx 0$ と考えるため，$P_g(D) \approx \pi_g$ となる．

いずれの例数設計法においても，必要イベント数から2群を併せたイベントの割合で除すことで，必要例数を求めた．よって，フリードマンの方法あるいはショーンフェルドの方法で算出される必要イベント数から，2群を併せた期待イベントの割合で除すことで，必要例数 N は

$$N = 必要イベント数 \times \frac{2}{P_C(D) + P_E(D)} \qquad (4.2.12)$$

と計算される．

登録期間を考慮した下で，フリードマンの方法とショーンフェルドの方法による例数設計を拡張する．登録期間を $A = 2$ 年とすると，必要例数はどのように計算されるだろうか．プログラム 4.2.4 は，登録期間を $A = 2$ 年として，フリードマンの方法とショーンフェルドの方法による例数設計を行うためのプログラムである．

プログラム 4.2.4　登録期間 $A = 2$ を考慮した例数設計プログラム

```
data sample2;
  alpha=0.05; beta=0.2;
  pic=0.65; pie=0.80;
  accrual=2; followup=5;
  lambdac=-log(pic)/followup; lambdae=-log(pie)/followup;
  HR=lambdae/lambdac;
  Pc=(1-exp(-lambdac*followup))*(1-(exp(-lambdac*accrual)))
      /(accrual*lambdac));
  Pe=(1-exp(-lambdae*followup))*(1-(exp(-lambdae*accrual)))
      /(accrual*lambdae));
  za=probit(1-alpha/2); zb=probit(1-beta);
  Dtotal_F=(za+zb)**2*(HR+1)**2/((HR-1)**2);
  Ntotal_F=Dtotal_F*2/(Pc+Pe);
  Dtotal_S=4*(za+zb)**2/(log(HR)**2);
  Ntotal_S=Dtotal_S*2/(Pc+Pe);
run;
proc print data=sample2 noobs;
  var Pc Pe Dtotal_F Ntotal_F Dtotal_S Ntotal_S;
run;
```

出力 4.2.4　登録期間 $A=2$ を考慮した例数

Pc	Pe	Dtotal_F	Ntotal_F	Dtotal_S	Ntotal_S
0.40292	0.23466	77.8478	244.196	72.5595	227.608

登録期間を考慮しないと，イベント発生割合は $\{(1-\pi_C)+(1-\pi_E)\}/2 = \{(1-0.65)+(1-0.80)\}/2 = 0.275$ であった．登録期間を考慮することにより，イベント発生割合が $(P_C(D)+P_E(D))/2 = (0.403+0.235)/2 = 0.319$ に増え，必要例数は，フリードマンの方法で 246 例，ショーンフェルドの方法で 228 例となる．登録期間を長くとることで，総観察期間は伸びるが，期待イベント数は増加し，イベント数の増大に伴い検出力は高くなる．

なお，切断指数 (truncated exponential) 分布にしたがって登録されると仮定して期待イベント割合を見積もれば，登録パターンが一様でない場合の例数設計を行うことが可能である（魚住ら，2016）．

4.2.8　アンバランスな割付を考慮した例数設計

前項までは，対照群に対する試験群の割付比が 1：1 の臨床試験を想定した例数設計法を解説した．しかし，1：2 割付のように，割付比がアンバランスな臨床試験が実施される場合がある．例えば，対照群がプラセボである場合，倫理的な観点から対照群へ割り付けられる割合を低くしたアンバランスな割付がしばしば行われる．このようなアンバランスな割付を行う場合，例数設計はどのように実施すればよいだろうか．

群間の割付比として，対照群の例数：試験群の例数 $= 1：w$ の場合を考えると，フリードマンの方法およびショーンフェルドの方法により求めるイベント数と必要例数は以下のように求めることができる．

フリードマン：
$$D_F = \frac{(z_{\alpha/2}+z_\beta)^2(w \cdot HR+1)^2}{w(HR-1)^2}$$
$$N_F = \frac{(z_{\alpha/2}+z_\beta)^2(w \cdot HR+1)^2}{w(HR-1)^2} \times \frac{1+w}{(1-\pi_C)+w(1-\pi_E)}$$

ショーンフェルド：

$$D_S = \frac{(1+w)^2(z_{\alpha/2}+z_\beta)^2}{w(\log(HR))^2}$$

$$N_S = \frac{(1+w)^2(z_{\alpha/2}+z_\beta)^2}{w(\log(HR))^2} \times \frac{1+w}{(1-\pi_C)+w(1-\pi_E)}$$

4.3 POWER プロシジャによる生存時間解析の例数設計

生存時間解析の例数設計を行うには，POWER プロシジャで TWOSAMPLESURVIVAL 文を指定すればよい．POWER プロシジャにおける生存時間解析の例数設計では，ラカトスの方法が採用されている (Lakatos, 1988)．この方法は，時間をいくつかの区間に区切って，区間ごとに期待されるイベント数を算出して，検出力を評価するものである．

4.2 節で取りあげたフリードマンの方法とショーンフェルドの方法では，いずれも指数分布を想定し，比例ハザード性の前提条件の下，ログランク検定に基づいて例数設計を行う方法である．POWER プロシジャによる例数設計では，指数分布を想定する方法に加えて，区分直線モデルを想定した例数設計が実施できる．また，ログランク検定のみならず，一般化ウイルコクソン検定，タローン・ウェア検定に基づく例数設計を行うこともできる．

はじめに，4.3.1 項でラカトスの方法の数理を解説する．4.3.2 項では POWER プロシジャによるプログラム例を示し，4.3.3 項ではフリードマンの方法とショーンフェルドの方法により算出した例数と比較する．4.3.4 項では区分直線モデルによる例数設計を解説する．

4.3.1 ラカトスの方法

ラカトスの方法では，観察期間を小区間に分けて区間ごとに期待イベント数を算出する．生存時間分布に指数分布を拡張した区分直線モデルを仮定して，各区間 i ごとにハザードに差がないという帰無仮説を検定する．総観察期間 T 年（登録期間 A + フォローアップ期間 F）を D 個の区間 $(t_1, t_2, ..., t_i, ..., t_D)$

に分割し，対照群 (C)，試験群 (E) のハザードをそれぞれ $\lambda_C(t_i), \lambda_E(t_i)$ とする．群間の割付比は，対照群の例数：試験群の例数 $= 1 : w$ とする．このとき，帰無仮説 H_0 と対立仮説 H_A は次のようになる．

$$H_0 : \lambda_C(t_i) = \lambda_E(t_i), \qquad H_A : \lambda_C(t_i) \neq \lambda_E(t_i)$$

対照群，試験群における区間 i に必要な例数をそれぞれ $N_C(i), N_E(i)$ とする ($i = 1, 2, ..., B$)．ここで，$B = T \times b$ として小区間数 b を定義する．

ラカトスの方法で求めたい必要例数を N_L とする．区間 $i = 1$ における群 g の必要例数 $N_g(1)$ は，ラカトスの方法で求めたい 1 群あたりの必要例数に対応するので，$1 : 1$ 割付のときは $N_g(1) = N_L/2$ となる．$i + 1$ 番目の区間に必要な例数 $N_g(i+1)$ は，1 つ前の区間 i における例数 $N_g(i)$，ハザード $\lambda_g(t_i)$ を用いて，

$$N_g(i+1) = N_g(i) \left[1 - \lambda_g(t_i) \left(\frac{1}{b} \right) - \left(\frac{1}{b(T - t_i)} \right) \right] \quad (4.3.1)$$

となる．$\left(\frac{1}{b(T - t_i)} \right)$ は i 番目の区間の打ち切りを考慮している．区間 i の 2 群を併せた期待イベント数 D_i は，

$$D_i = \frac{\lambda_C(t_i) N_C(i) + \lambda_E(t_i) N_E(i)}{b} \quad (4.3.2)$$

となり，区間 i の必要例数比を

$$\phi_i = \frac{N_E(i)}{N_C(i)},$$

ハザード比を

$$HR_i = \frac{\lambda_E(t_i)}{\lambda_C(t_i)}$$

とする．このとき，ログランク検定の検定統計量は近似的に正規分布 $N(U, 1)$ にしたがい，期待値 U は

$$U = \frac{\sum_{i=1}^{B} D_i \left[\dfrac{\phi_i HR_i}{1 + \phi_i HR_i} - \dfrac{\phi_i}{1 + \phi_i} \right]}{\sqrt{\sum_{i=1}^{B} D_i \dfrac{\phi_i}{(1 + \phi_i)^2}}}$$

となる. U の要素として $\sqrt{N_L}$ が存在し，分解すると

$$U = \sqrt{N_L}U^* = \sqrt{N_L}\left[\frac{\sum_{i=1}^{B} D_i^*\left[\frac{\phi_i HR_i}{1+\phi_i HR_i} - \frac{\phi_i}{1+\phi_i}\right]}{\sqrt{\sum_{i=1}^{B} D_i^* \frac{\phi_i}{(1+\phi_i)^2}}}\right]$$

となる. ここで，U^* は $\sqrt{N_L}$ と独立であり，D_i^* は

$$D_i^* = \frac{\lambda_C(t_i)N_C^*(i) + \lambda_E(t_i)N_E^*(i)}{b}$$

$$N_C^*(1) = \frac{1}{1+w}, \quad N_E^*(1) = \frac{w}{1+w}$$

$$N_g^*(i+1) = N_g^*(i)\left[1 - \lambda_g(t_i)\left(\frac{1}{b}\right) - \left(\frac{1}{b(T-t_i)}\right)\right]$$

を満たす. U は近似的に正規分布にしたがうので

$$U = \sqrt{N_L}U^* = z_{\alpha/2} + z_\beta$$

となり，必要例数 N_L は

$$N_L = \left(\frac{z_{\alpha/2} + z_\beta}{U^*}\right)^2 \tag{4.3.3}$$

となる.

4.3.2 POWER プロシジャによる実行例

POWER プロシジャで生存時間解析の例数設計を行うには，TWOSAMPLESURVIVAL 文を指定する．TWOSAMPLESURVIVAL 文では，生存時間分布を指定するために次の項目について指定できる．

検定手法

- TEST = 想定するノンパラメトリック検定手法を指定する．デフォルトはログランク検定 (TEST = LOGRANK) である．
    LOGRANK ログランク検定

GEHAN　一般化ウイルコクソン検定

TARONEWARE　タローン・ウェア検定

- ALPHA =　有意水準を指定する．デフォルトは 0.05 である．
- SIDES =　検定の種類を指定する．デフォルトは両側検定 (SIDES = 2) である．

  1　片側検定（効果の方向に合わせた対立仮説）

  2　両側検定

  U　上側検定

  L　下側検定（対照群の方が良い結果である対立仮説）

フォローアップ期間・登録期間

- FOLLOWUPTIME | FUTIME | FOLLOWUPT | FUT =　フォローアップ期間を指定する．
- ACCRUALTIME | ACCTIME | ACCRUALT | ACCT =　登録期間を指定する．
- TOTALTIME | TOTALT =　総観察期間を指定する．登録期間とフォローアップ期間の合計に相当する．

生存率・ハザード比などの生存時間分布に関する情報

- GROUPMEDSURVTIMES | GMEDSURVTIMES | GROUPMEDSURVTS | GMEDSURVTS =　メディアン生存時間を指定する．
- GROUPSURVEXPHAZARDS | GSURVEXPHAZARDS | GROUPSURVEXPHS | GEXPHS =　ハザードを指定する．
- HAZARDRATIO | HR =　ハザード比を指定する．
- REFSURVEXPHAZARD | REFSURVEXPH =　対照群のハザードを指定する．

- CURVE ("*label*") = 各時点の生存率を指定する．
- GROUPSURVIVAL | GSURVIVAL | GROUPSURV | GSURV = CURVE オプションで指定した生存時間曲線の名前の群を特定する．
- REFSURVIVAL | REFSURV = 対照群の名前を指定する．

例数・検出力に関する指定

- POWER = 検出力
- NTOTAL = 2 群の必要例数を合計した総必要例数
- NPERGROUP | NPERG = 1 群あたりの必要例数
- NFRACTIONAL | NFRAC 小数点以下を切り上げずに例数を出力
- GROUPWEIGHTS | GWEIGHTS = 各群の例数の比
- GROUPNS | GNS = 各群の例数（検出力の計算の際に指定でき，GROUPWEIGHTS = と同時に指定できない．）

4.2.7 項では，DATA ステップによるフリードマンの方法とショーンフェルドの方法に基づく例数設計のプログラムおよび実行結果として，有意水準 $\alpha = 0.05$（両側），$\beta = 0.20$，対照群における 5 年生存率 $= 0.65$，試験群における 5 年生存率 $= 0.80$（フォローアップ期間 $F = 5$ 年），対照群の例数：試験群の例数 $= 1:1$，登録期間 $A = 2$ 年とした条件で説明した．同様の条件の下，POWER プロシジャで必要例数を計算するプログラムをプログラム 4.3.1 に示す．

プログラム 4.3.1 において，ACCRUALTIME = で登録期間 2 年，FOLLOWUPTIME = でフォローアップ期間 5 年であることを指定している．フォローアップ期間を指定する代わりに，TOTALTIME = で総観察期間 7 年を指定してもよい．登録期間中に一様分布に従って患者が登録されることを想定している．

ハザード比 HR は両群の 5 年生存率に基づき見積もっている．CURVE

プログラム 4.3.1　5 年生存率に基づく例数設計プログラム

```
proc power;
  twosamplesurvival test=logrank
    curve("Control") = (5):(0.65)
    curve("Experimental") = (5):(0.80)
    groupsurvival = "Control" | "Experimental"
    groupweights = (1 1)
    accrualtime = 2
    followuptime = 5
    ntotal = .
    nfractional
    power = 0.8;
run;
```

プションを用いて，対照群と試験群の 5 年時点の生存率をそれぞれ 0.65, 0.80 と指定している．CURVE オプションでは，複数の時点の生存率を指定することが可能であるが，1 つの時点のみ指定した場合は，生存時間分布に指数分布を仮定し，比例ハザード性を仮定した例数設計が行われる．なお，5 年生存率に限らず，時点 t^* における各群 g の生存率 $\hat{S}_g(t^*) = \pi_g$ を次のように指定すればよい．

```
curve("Control") = (t*):(π_C)
curve("Experimental") = (t*):(π_E)
groupsurvival = "Control" | "Experimental"
```

比例ハザード性を仮定した例数設計であるため，各群の生存率の代わりにハザード比 HR を指定しても等価である．各群の生存率から，$HR = \log\pi_E / \log\pi_C = 0.518$ となる．

```
curve("Control") = (t*):(π_C)
refsurvival = "Control"
hazardratio = 0.518
```

生存率でなく，各群のハザードの直接の指定によって，次のように置き換えることも可能である．

> groupsurvexphazards = (0.0862, 0.0446)

各群 g の生存率 π_g から，1年あたりのハザードは $\lambda_g = -\log\pi_g/t^*$ であるため，対照群と試験群におけるハザードはそれぞれ 0.0862, 0.0446 となる．各群のハザードの代わりにハザード比 HR を指定してもよい．

> refsurvexphazard = 0.0862   hazardratio = 0.518

さらに，ハザード比 HR の見積もりにメディアン生存時間を指定しても等価である．各群のハザード λ_g から，メディアン生存時間 M_g は $M_g = \log(2)/\lambda_g$ で求まる．

> groupmedsurvtimes = (8.0, 15.5)

出力 4.3.1 はプログラム 4.3.1 から得られる出力である．出力 4.3.1 に示される Number of Time Sub-Intervals はイベント数を評価するときに分ける小区間数 b の指定であり，デフォルトでは $b = 12$ の小区間に分けている．また，Form of Survival Curve は Exponential と出力されており，CURVE オプションで1つの時点のみ指定したため，比例ハザード性を仮定した例数設計が行われたことを確認できる．検出力が 80% になるような例数は $N_L = 234$ であり，フリードマンの方法 ($N_F = 246$) とショーンフェルドの方法 ($N_S = 228$) の中間の値であることを確認できる．なお，1群あたりの必要例数を算出したい場合は，プログラム 4.3.1 において，NTOTAL = . の代わりに NPERGROUP = . を指定すればよい．

さらに，バージョン 9.3 からの POWER プロシジャでは EVENTSTOTAL = が追加され，必要イベント数も求めることができるようになった．必要イベント数以外にも，TWOSAMPLESURVIVAL 文で次の値を算出できる．

必要例数以外に算出できる値

- EVENTSTOTAL | EVENTTOTAL | EETOTAL =   期待イベント数

出力 4.3.1 5 年生存率に基づく例数設計の出力結果

Fixed Scenario Elements	
Method	Lakatos normal approximation
Accrual Time	2
Follow-up Time	5
Group 1 Survival Curve	Control
Form of Survival Curve 1	Exponential
Group 2 Survival Curve	Experimental
Form of Survival Curve 2	Exponential
Group 1 Weight	1
Group 2 Weight	1
Nominal Power	0.8
Number of Sides	2
Number of Time Sub-Intervals	12
Group 1 Loss Exponential Hazard	0
Group 2 Loss Exponential Hazard	0
Alpha	0.05

Computed Ceiling N Total		
Fractional N Total	Actual Power	Ceiling N Total
233.232392	0.801	234

- ACCRUALRATETOTAL | ARTOTAL = 単位時間あたりの 2 群の登録例数

- ACCRUALRATEPERGROUP | ACCRUALRATEPERG | ARPERGROUP | ARPERG = 単位時間あたりの 1 群あたりの登録例数

- GROUPACCRUALRATES | GACCRUALRATES | GROUPARS | GARS = 単位時間あたりの各群の登録例数（GROUPNS = と同じように検出力の計算の際に指定でき，GROUPWEIGHTS = と同時に指定できない.）

プログラム 4.3.2 のように，指数分布を想定した例数設計を行う場合，ラカトスの方法によるイベント数 D_L は，必要例数 N_L，各群における試験期間中の期待イベント割合 $P_C(D), P_E(D)$，および群間の割付比（対照群の例

プログラム 4.3.2　5 年生存率に基づく必要イベント数算出プログラム

```
proc power;
   twosamplesurvival test=logrank
      curve("Control") = (5):(0.65)
      curve("Experimental") = (5):(0.80)
      groupsurvival = "Control" | "Experimental"
      groupweights = (1 1)
      accrualtime = 2
      followuptime = 5
      eventstotal = .
      power = 0.8;
run;
```

出力 4.3.2　5 年生存率に基づく必要イベント数の出力結果

	Computed Ceiling Event Total	
Fractional Event Total	Actual Power	Ceiling Event Total
74.352515	0.803	75

数：試験群の例数 = $1 : w$）を用いて，以下のように算出される．

$$D_L = N_L \times \frac{P_C(D) + wP_E(D)}{1+w} \tag{4.3.4}$$

出力 4.3.1, 4.3.2 より，POWER プロシジャにより算出される必要イベント数は 75 例，必要例数は 234 例となる．

POWER プロシジャでは NTOTAL = や EVENTSTOTAL = の他にも，単位時間あたりの登録例数を算出できるようになった．出力 4.3.1 において，登録期間 2 年の条件で $N_L = 234$ と算出された．そのためには，1 年あたりに $234/2 = 117$ 例登録しなければならない．プログラム 4.3.3 から得られる出力 4.3.3 はこの計算結果を示しており，単位時間あたりの登録例数を算出するためには ACCRUALRATETOTAL = を指定する．なお，1 群あたりの登録例数を算出したい場合は，ACCRUALRATEPERGROUP = と指定すればよい．

プログラム 4.3.3　5 年生存率に基づく単位時間あたりの登録例数算出プログラム

```
proc power;
  twosamplesurvival test=logrank
    curve("Control") = (5):(0.65)
    curve("Experimental") = (5):(0.80)
    groupsurvival = "Control" | "Experimental"
    groupweights = (1 1)
    accrualtime = 2
    followuptime = 5
    accrualratetotal = .
    power = 0.8;
run;
```

出力 4.3.3　5 年生存率に基づく単位時間あたりの登録例数算出プログラムの出力結果

Fractional Accrual Rate Total	Actual Power	Ceiling Accrual Rate Total
116.616196	0.801	117

Computed Ceiling Accrual Rate Total

POWER プロシジャによる検出力曲線

POWER プロシジャには PLOTS 文を指定することができ，例数設計の条件を変化させた場合の検出力や例数を図示できる．

まず，例数と登録期間を変動させた場合に，検出力がどのように変化するかを示す．プログラム 4.3.4 を実行させると，出力 4.3.4 が作成される．縦軸に検出力，横軸に例数（200〜400 例）を示し，登録期間を変動させた場合の検出力曲線である．PLOT 文の YOPTS = オプションを指定することで，縦軸（検出力）が 0.8, 0.9 のときに対応する横軸（例数）の値がプロット上に出力されるようにしている．登録期間が 0.001 年という指定は，登録期間を考慮しない場合に該当し，登録期間がほとんどなく，事実上すべての患者が同時期に登録され，フォローアップ期間に差がないことを指定している．出力 4.3.4 より，登録期間が長くなると，初期に登録された患者は登録期間分だけ余計にフォローアップされるので，イベント発生率は上がり，検出力は

増大する．

プログラム 4.3.4　登録期間の検討を行うための検出力曲線プログラム

```
proc power;
  twosamplesurvival test=logrank
    curve("Control") = (5):(0.65)
    curve("Experimental") = (5):(0.80)
    groupsurvival = "Control" | "Experimental"
    groupweights = (1 1)
    accrualtime = 0.001,1,2,3
    followuptime = 5
    ntotal = 200 to 400
    power = .;
  plot min=200 max=400 yopts=(crossref=yes ref=0.8,0.9);
run;
```

出力 4.3.4　登録期間の検討を行うための検出力曲線

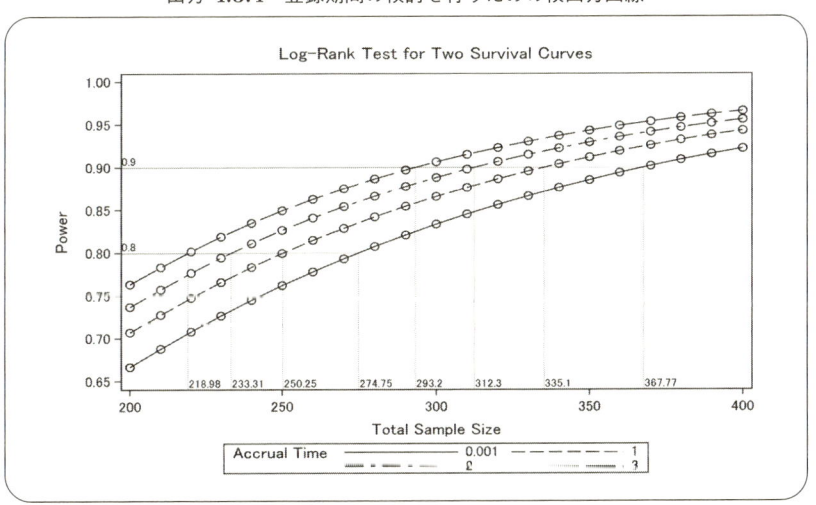

次に，脱落を考慮した例数設計を示す．TWOSAMPLESURVIVAL 文では，脱落に対する考慮として次のオプションが指定できる．

脱落に関するオプション

- GROUPLOSSEXPHAZARDS | GLOSSEXPHAZARDS |

4.3　POWER プロシジャによる生存時間解析の例数設計　　*185*

GROUPLOSSEXPHS | GLOSSEXPHS = 脱落のハザードを指定する．

脱落までの時間が指数分布に従うとして，1年あたりの脱落のハザードが0.05人/年であるとする．このとき，5年時点の累積脱落率は $1 - \exp(-0.05 \times 5) = 0.22$ となる．ただし，脱落とイベントが競合するので，実際に観察される脱落率はこれほど高いわけではない．

脱落を考慮した場合のラカトスの方法の数理として，(4.3.1) 式で示した $i+1$ 番目の区間に必要な例数 $N_g(i+1)$ は次のようになる．

$$N_g(i+1) = N_g(i)\left[1 - \lambda_g(t_i)\left(\frac{1}{b}\right) - \gamma_g(t_i)\left(\frac{1}{b}\right) - \left(\frac{1}{b(T-t_i)}\right)\right]$$

ただし，$\gamma_g(t_i)$ は区間 i における群 g のハザードを表す．

プログラム 4.3.5 を実行させると，脱落を変動させた場合の検出力曲線として出力 4.3.5 が作成される．GROUPLOSSEXPHAZARDS = 0 0.05 の指定により，対照群と試験群の脱落のハザードが (0, 0), (0, 0.05), (0.05, 0), (0.05, 0.05) の4通りの場合について例数設計を行う．出力 4.3.5 の結果より，脱落のハザードが両群とも 0.05 人/年と予想される場合，名義水準80％の検出力を満たすための必要例数は 268 例となり，脱落を考慮しない場合に比べて 34 例多く必要となる．

プログラム **4.3.5** 脱落の検討を行うための検出力曲線プログラム

```
proc power;
  twosamplesurvival test=logrank
    curve("Control") = (5):(0.65)
    curve("Experimental") = (5):(0.80)
    groupsurvival = "Control" | "Experimental"
    grouplossexphazards = 0 0.05 | 0 0.05
    groupweights = (1 1)
    accrualtime = 2
    followuptime = 5
    ntotal = 200 to 400
    power = .;
  plot min=200 max=400 yopts=(crossref=yes ref=0.8,0.9);
run;
```

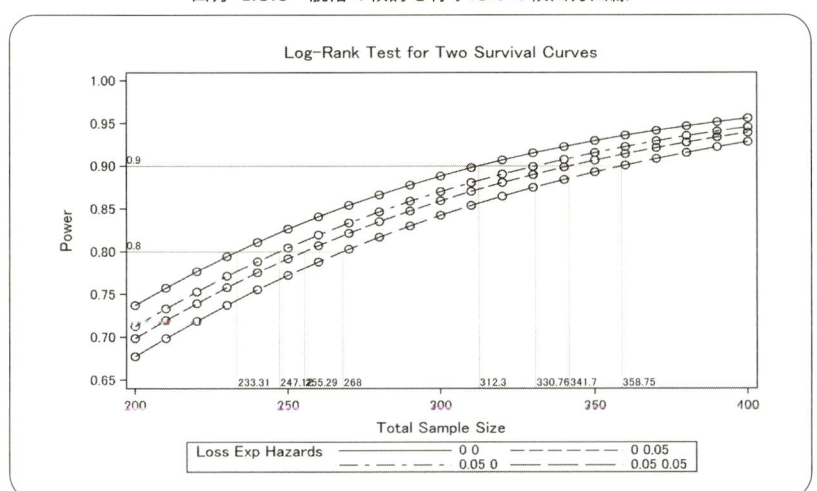

出力 4.3.5　脱落の検討を行うための検出力曲線

4.3.3　フリードマンの方法とショーンフェルドの方法による例数との比較

4.3.2項では，ラカトスの方法に基づき必要例数 N_L を求めた．ここで，4.2.6項で求めたフリードマンの方法とショーンフェルドの方法の結果と比較してみる．図表 4.3.1 は，3 つの方法で求めた必要イベント数および必要例数を比較した表である．簡便のため，登録期間は考慮せず $(A \approx 0)$ に例数設計を行った結果を示している．

図表 4.3.1　3 つの方法による必要イベント数と必要例数の比較

例数設計法	必要イベント数	必要例数
フリードマン	78	284
ショーンフェルド	73	264
ラカトス（POWER プロシジャ）	76	276

図表 4.3.1 より，イベント数，例数ともに大きい順にフリードマン，ラカトス，ショーンフェルドとなる．必要例数のこの大小関係は，多くの条件において観察されるが，条件によっては大小関係が変動するので注意されたい．

シミュレーションによる検出力

図表 4.3.1 に示した必要例数の下で，果たして検出力は名義水準を満たし

ているのであろうか．それぞれの方法で求めた必要例数のときの検出力を確かめる方法として，モンテカルロシミュレーションによる評価を行う．モンテカルロシミュレーションは，任意の回数の仮想実験を行うことで検出力の評価を行うものである．プログラム 4.3.6 は，生存時間データとして指数分布に従う擬似乱数を生成させ，検出力（ログランク検定で有意となった回数/シミュレーション回数）を計算するプログラムである．

プログラム 4.3.6 では，DATA ステップにおいて 10 万回の仮想実験用のデータを生成し，ログランク検定を実施して，有意となった割合を求めることで検出力を算出している．なお，DATA ステップでは RAND 関数を用いて指数分布に従う擬似乱数を発生させている．RAND 関数はバージョン 9 から正規版として提供されており，メルセンヌ・ツイスタ (Mersenne-Twister) と呼ばれるアルゴリズムに基づいて擬似乱数が生成される．指数分布に従う擬似乱数を発生させる関数として，RAND 関数が提供される前は RANEXP 関数が用いられていた．RANEXP 関数で採用されている乗算合同法に基づく方法と比較して，RAND 関数は周期性や生成速度の観点から優れているといえる．RAND 関数は指数分布に限らず，多くの確率分布に従う擬似乱数を生成させるために有用である．詳細は，魚住・浜田 (2013) を参照されたい．

図表 4.3.2 は，それぞれの方法を用いて算出された例数でシミュレーションを行った結果得られる検出力を示している．検出力の名義水準を 80% として例数設計を行っているにもかかわらず，ショーンフェルドの方法では検出力が 79.0% となり，名義水準に到達していないことがわかる．また，フリードマンの方法では検出力が 81.7% となり，名義水準に比べて過剰に評価されている．その一方，ラカトスの方法では検出力が 80.6% となり，3 つの方法で最も名義水準に近い検出力が得られた．

次に，登録期間を $A=2$ と考慮して，シミュレーションによる検出力の評価を行った結果を図表 4.3.3 に示す．図表 4.3.3 より，登録期間 $A=2$ を考慮した場合，ラカトスの方法で求めた例数では検出力 80.1% となり，3 つの方法で最も名義水準に近い検出力が得られた．

なお，ラカトスの方法で求めた例数 $N_L = 234$ は，POWER プロシジャにおける小区間数 b のデフォルトとして $b=12$ で計算された例数である．一

プログラム 4.3.6　モンテカルロシミュレーションによる検出力の計算プログラム

```
data data;
pic=0.65; pie=0.80; followup=5;
lambdac=-log(pic)/followup; lambdae=-log(pie)/followup;
seed=4989; call streaminit(seed); /* 擬似乱数のシード */
do ntotal=264,276,284; n=ntotal/2;
do i=1 to 100000; /* シミュレーション回数：100000 */
* 対照群 ;
group=0; do subject=1 to n; t=rand("exponential")/lambdac; censor=1;
  if t > followup then do t=followup; censor=0; end;
output; end;
* 試験群 ;
group=1;do subject=1 to n; t=rand("exponential")/lambdae; censor=1;
  if t > followup then do t=followup; censor=0; end;
output; end;
end; end;
run;
/* シミュレーション i ごとにログランク検定を実施 */
ods listing close;
ods output HomTests=out;
proc lifetest data=data;
  time t*censor(0); strata group;
  by ntotal i;
run;
ods listing;
/* 検出力の評価 */
data test;set out;
  if 0 < Probchisq < 0.05 then sign=1;else sign=0;
  where Test="ログランク";
run;
proc freq data=test;
  tables sign; by ntotal;
run;
```

図表 4.3.2　登録期間を考慮しないシミュレーションによる検出力の比較

例数設計法	例数	検出力
フリードマン	284	81.7%
ショーンフェルド	264	79.0%
シュスター (POWER プロシジャ)	276	80.0%

4.3　POWER プロシジャによる生存時間解析の例数設計

図表 4.3.3　登録期間 $A = 2$ を考慮したシミュレーションによる検出力の比較

例数設計法	例数	検出力
フリードマン	246	82.2%
ショーンフェルド	228	79.1%
ラカトス（POWER プロシジャ）	234	80.1%

般に，小区間数 b を多くとるほどラカトスの方法で求められる例数の精度は向上するが，小区間数 b が多いほど，より多くのメモリーと計算時間が求められる．

例数設計の計算において，TWOSAMPLESURVIVAL 文では次のオプションで小区間数 b を指定できる．

例数設計の計算に関するオプション

- NSUBINTERVAL | NSUBINTERVALS | NSUB | NSUBS = 小区間数 b を指定する．

以上より，検出力が名義水準に比べて過剰に評価されるフリードマンの方法や，検出力が名義水準に到達しないショーンフェルドの方法と比べて，ラカトスの方法では検出力は名義水準に近い値をとる．特に，ハザード比が 1 から離れるにつれて，フリードマンの方法は検出力が名義水準に比べて過剰になり，ショーンフェルドの方法は検出力が名義水準に到達できない場合がある．なお，ラカトスの方法は生存時間分布に指数分布以外の比例ハザード性が成り立つ確率分布（例：ワイブル分布）を想定しても性能が良く，さらに比例ハザード性が成立しない分布（例：対数ロジスティック分布）を想定しても性能が良いことが報告されている（水澤・浜田，2008；魚住ら，2009）．

4.3.4　区分直線モデルによる例数設計

比例ハザード性が成り立たない場合，生存時間分布に区分直線モデルを仮定することで，精度良く例数設計を実施できる．区分直線モデルは折れ線ハザードモデルとも呼ばれる（赤澤・柳川，2010）．POWER プロシジャで区分直線モデルを用いた例数設計を行うためには，CURVE オプションで複数の時点の生存率を指定する必要がある．例えば，0 年目 100%，1 年目 90%，

2 年目 70%，3 年目 60% と，これらの点を結んだ折れ線で生存率が低下する場合，次のような指定を行う．

> curve("Control") = 1:0.9   2:0.7   3:0.6

あるいは

> curve("Control") = (1 to 3 by 1):(0.9 0.7 0.6)

と指定しても等価である．CURVE オプションで複数の時点における生存率の指定を試験群に対しても実施すれば，比例ハザード性を仮定しない区分直線モデルによる例数設計を行うことになる．

図表 4.3.4 は生存時間分布に指数分布と区分直線モデルを仮定した場合のイメージ図である．生存時間分布に区分直線モデルを仮定した場合，時点間でハザードが異なることがわかる．

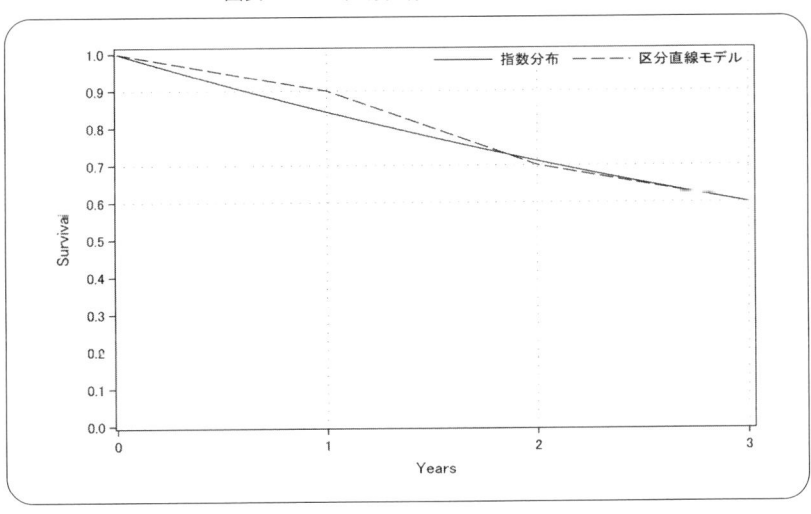

図表 **4.3.4** 区分直線モデルのイメージ

事例検討

生存時間分布に区分直線モデルを仮定することが有用な例として，ISEL (Iressa Survival Evaluation in Lung Cancer) と呼ばれる大規模臨床試験を取りあげる (Thatcher et al., 2005). 標準化学療法が効かなくなった非小細胞肺癌患者に対して，生存時間を評価項目としたイレッサ ＋ ベストサポーティブケア（試験群）とプラセボ（対照群）を比較する第 III 相臨床試験が，日本を除く 28 カ国，1692 例（1129 例：試験群，563 例：対照群）で行われた．他に有効な治療がないという倫理面を考慮して，試験群と対照群の例数は 2：1 に設定された．結果，対照群のメディアン生存時間 5.1 ヶ月に対して，試験群では 5.6 ヶ月とわずかな生存時間の延命が確認されたものの，比例ハザードモデルによる解析から得られるハザード比（95%信頼区間）は 0.89 (0.70, 1.02), $p = 0.087$ であった．

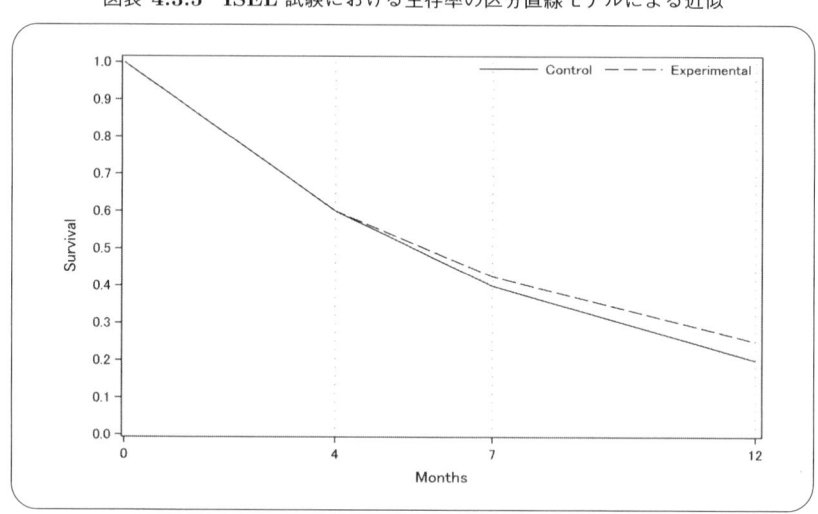

ここで，事後的に上記の試験で得られた治療効果を検出するには，どの程度の例数が必要であったか検討する．Thatcher et al. (2005) により報告されたカプラン・マイヤープロットから，各時点におけるおおよその生存率を読みとると，対照群は 4 ヶ月で 60%，7 ヶ月で 40%，12 ヶ月で 20% となるよ

図表 4.3.5 ISEL 試験における生存率の区分直線モデルによる近似

うな区分直線モデルでほぼ近似できると判断できた．一方，試験群では 4 ヶ月で 60%，7 ヶ月で 42.5%，12 ヶ月で 25% となるような区分直線モデルでほぼ近似できると考えられた．比例ハザード性の下での治療効果とは異なり，4 ヶ月まではほとんど生存率に差がなく，後半で徐々に差が開いてくる（図表 4.3.5）．

この群間差を条件として，検出力 80% で例数設計を行う場合，プログラム 4.3.7 のような指定を行う．

プログラム 4.3.7　区分直線モデルによる例数設計プログラム

```
proc power;
  twosamplesurvival test=logrank
    curve("Control") = (4 7 12):(0.60 0.40 0.20)
    curve("Experimental") = (4 7 12):(0.60 0.425 0.25)
    groupsurvival = "Control" | "Experimental"
    groupweights = (1 2)
    accrualtime = 0.001
    totaltime = max
    ntotal = .
    outputorder=syntax
    power = .8;
run;
```

なお，プログラム 4.3.7 では，TWOSAMPLESURVIVAL 文の以下のオプションを指定している．

フォローアップ期間や登録期間の指定に関するオプション

- MAX CURVE オプションで 2 時点以上の時点を指定（生存時間分布に区分直線モデルを仮定）した例数設計を行う場合のみ有効になる指定である．

  TOTALTIME = MAX　CURVE オプションで指定している最大の総観察期間の値が自動的に指定される．

  ACCRUALTIME = MAX　CURVE オプションで指定している最大の総観察期間からフォローアップ期間を引いた値が自動的に指定される．

出力 4.3.6　区分直線モデルによる例数設計の出力結果

Fixed Scenario Elements	
Method	Lakatos normal approximation
Group 1 Survival Curve	Control
Form of Survival Curve 1	Piecewise Linear
Group 2 Survival Curve	Experimental
Form of Survival Curve 2	Piecewise Linear
Group 1 Weight	1
Group 2 Weight	2
Accrual Time	0.001
Total Time	12
Nominal Power	0.8
Number of Sides	2
Number of Time Sub-Intervals	12
Group 1 Loss Exponential Hazard	0
Group 2 Loss Exponential Hazard	0
Alpha	0.05

Computed N Total	
Actual Power	N Total
0.800	4524

FOLLOWUP = MAX　CURVE オプションで指定している最大の総観察期間から登録期間を引いた値が自動的に指定される．

出力に関するオプション

- OUTPUTORDER = 出力方法を制御する．

    INTERNAL　指定した各条件を TWOSAMPLESURVIVAL 文で設定されている順に自動的に並び替えて出力する（デフォルト）．

    SYNTAX　指定した各条件を指定した順番に出力する．

    REVERSE　指定した各条件を指定した順番と逆に出力する．

GROUPWEIGHTS = (1 2) の指定によって，対照群と試験群の例数の比

が 1 : 2 になるようにしている．2 群を併せて必要な例数は 4524 例と算出され（出力 4.3.6），これは実際の試験の例数 1692 例の 2.67 倍である．

なお，12 ヶ月の生存率のみを指定し，比例ハザードモデルに基づく例数設

プログラム 4.3.8　比例ハザードモデルによる例数設計プログラム

```
proc power;
  twosamplesurvival test=logrank
    curve("Control") = (12):(0.20)
    curve("Experimental") = (12):(0.25)
    groupsurvival = "Control" | "Experimental"
    groupweights = (1 2)
    accrualtime = 0.001
    followuptime = 12
    ntotal = .
    outputorder=syntax
    power = .8;
run;
```

出力 4.3.7　比例ハザードモデルによる例数設計の出力結果

Fixed Scenario Elements	
Method	Lakatos normal approximation
Group 1 Survival Curve	Control
Form of Survival Curve 1	Exponential
Group 2 Survival Curve	Experimental
Form of Survival Curve 2	Exponential
Group 1 Weight	1
Group 2 Weight	2
Accrual Time	0.001
Follow-up Time	12
Nominal Power	0.8
Number of Sides	2
Number of Time Sub-Intervals	12
Group 1 Loss Exponential Hazard	0
Group 2 Loss Exponential Hazard	0
Alpha	0.05

Computed N Total	
Actual Power	N Total
0.800	2022

計を行う場合，プログラム 4.3.8 のようになり，必要例数は 2022 例と算出される（出力 4.3.7）．これは生存時間分布に区分直線モデルを仮定した結果の半分以下である．以上より，比例ハザード性が仮定できない状況下において，比例ハザードモデルによる例数設計を行うことは大変危険であることがわかる．

参考文献

第 1 章

・**SAS における生存時間解析のプロシジャ**

大橋靖雄・浜田知久馬 (1995). 生存時間解析――SAS による生物統計. 東京大学出版会.

・**SAS における生存時間解析の発展**

浜田知久馬 (2013). SAS 生存時間解析プロシジャの最新の機能拡張. SAS ユーザー総会 論文集, 3-72.

・**SAS によるデータハンドリング・統計解析**

臨床評価研究会 (ACE) 基礎解析分科会, 浜田知久馬 (監修) (2005). 実用 SAS 生物統計ハンドブック――SAS 8.2 及び SAS 9.1 対応. サイエンティスト社.

大橋渉 (2010). 統計を知らない人のための SAS 入門. オーム社.

市川伸一・大橋靖雄・岸本淳司・浜田知久馬・下川元継・田中佐智子 (2011). SAS によるデータ解析入門（第 3 版）. 東京大学出版会.

宮岡悦良・吉澤敦子 (2011). SAS ハンドブック. 共立出版.

宮岡悦良・吉澤敦子 (2013). SAS プログラミング. 共立出版.

宮岡悦良・吉澤敦子 (2014). データ解析のための SAS 入門：SAS9.3/9.4 対応版. 朝倉書店.

高浪洋平・舟尾暢男 (2015). 統計解析ソフト「SAS」(改訂版). カットシステム.

・**分位点回帰**

浜田知久馬・魚住龍史 (2016). SAS による生存時間分布の予測――Death Note の統計学. SAS ユーザー総会 論文集.

Koenker, R. and Bassett, G. W. (1978). Regression quantiles. *Econometrica*, **16**, 33-50.

Koenker, R. and Geling, O. (2001). Reappraising medfly longevity: A quantile regression survival analysis. *Journal of the American Statistical Association*, **96**, 458-468.

Portnoy, S. (2003). Censored regression quantiles. *Journal of the American Statistical Association*, **98**, 1001-1012.

Peng, L. and Huang, Y. (2008). Survival analysis with quantile regression models. *Journal of the American Statistical Association*, **103**, 637-649.

・区間打切りデータの解析

Fukushima, A., Kashiwagi, W., Sano, M., Hamada, C. and Yoshimura, I. (2006). Estimating a hazard function for each of four items of adverse event induced by the anti-cancer drug TS-1 —Application of slip-mixed log-logistic model for interval censored data—. *Japanese Journal of Pharmacoepidemiology*, **11**, 9–21.

Sun, J. (2006). *The Statistical Analysis of Interval-censored Failure Time Data.* Springer, New York, NY.

Chen, D. G., Sun, J. and Peace, K. E. (2012). *Interval-Censored Time-to-Event Data: Methods and Applications.* Chapman and Hall/CRC, Boca Raton, FL.

・ICLIFETEST プロシジャ

西本尚樹・伊藤陽一 (2014). ICLIFETEST プロシジャを用いた区間打切りデータの解析と既存プロシジャによる結果との比較. SAS ユーザー総会 論文集, 565–574.

野村怜史・佐野雅隆・寒水孝司・浜田知久馬 (2015). 早期新生児の動脈管開存時間の生存時間解析の方法に関する研究. SAS ユーザー総会 論文集, 496.

・ICPHREG プロシジャ

Friedman, M. (1982). Piecewise exponential models for survival data with covariates. *Annals of Statistics*, **10**, 101–113.

Royston, P. and Parmar, M. K. B. (2002). Flexible parametric proportional-hazards and proportional-odds models for censored survival data, with application to prognostic modelling and estimation of treatment effects. *Statistics in Medicine*, **21**, 2175–2197.

・SAS/STAT User's Guide

SAS Institute Inc. (2010). *SAS/STAT(R) 9.2 User's Guide.* 2nd ed. SAS Institute Inc., Cary, NC.

SAS Institute Inc. (2011). *SAS/STAT(R) 9.3 User's Guide.* SAS Institute Inc., Cary, NC.

SAS Institute Inc. (2012). *SAS/STAT(R) 12.1 User's Guide.* SAS Institute Inc., Cary, NC.

SAS Institute Inc. (2013). *SAS/STAT(R) 12.3 User's Guide.* SAS Institute Inc., Cary, NC.

SAS Institute Inc. (2013). *SAS/STAT(R) 13.1 User's Guide.* SAS Institute Inc., Cary, NC.

SAS Institute Inc. (2014). *SAS/STAT(R) 13.2 User's Guide*. SAS Institute Inc., Cary, NC.

SAS Institute Inc. (2015). *SAS/STAT(R) 14.1 User's Guide*. SAS Institute Inc., Cary, NC.

・確率分布

蓑谷千凰彦 (2010). 統計分布ハンドブック（増補版）. 朝倉書店.

・Gehan のデータ

Freireich, E. J., Gehan, E., Frei, E., Schroeder, L. R., Wolman, I. J., Anbari, R., Burgert, E. O., Mills, S. D., Pinkel, D., Selawry, O. S., Moon, J. H., Gendel, B. R., Spurr, C. L., Storrs, R., Haurani, F., Hoogstraten, B. and Lee, S. (1963). The effect of 6-mercaptopurine on the duration of steroid induced remissions in acute leukemia: A model for the evaluation of other potentially useful therapy. *Blood*, **21**, 699–716.

・皮膚癌のデータ

Scribner, J. D., Scribner, N. K., McKnight, B. and Mottet, N. K. (1983). Evidence for a new model tumor progression from carcinogenesis and tumor promotion studies with 7-bromomethylbenz[a]anthracene. *Cancer Research*, **43**, 2034–2041.

Krewski, D. and Franklin, C. (1991). *Statistics in Toxicology*. Gordon and Breach Science Publishers, New York, NY.

・肺癌のデータ

Kalbfleisch, J. D. and Prentice, R. L. (2002). *The Statistical Analysis of Failure Time Data*. 2nd ed. John Wiley and Sons, Hoboken, NJ.

・膵臓癌のデータ

Nishimura, A., Sakata, S., Iida, K., Iwasaki, Y., Takeshima, T., Todoroki, T., Ohara, K., Hata, K., Miyoshi, M., Seo, Y., Abe, M., Nakano, M., Otsu, H., Tamura, H. and Teramukai, S. (1988). Evaluation of intraoperative radiotherapy for carcinoma of the pancreas: prognostic factors and survival analyses. *Radiation Medicine*, **6**, 85–91.

・糖尿病性網膜症のデータ

Lin, D. Y. (1994). Cox regression analysis of multivariate failure time data: the marginal approach. *Statistics in Medicine*, **13**, 2233–2247.

・**ODS (Output Delivery System)**

吉田早織・平井隆幸・叶健・魚住龍史 (2015). ODS POWERPOINT の活用：SAS から Microsoft PowerPoint へのエクスポート. SAS ユーザー総会 論文集, 295–302.

SAS Institute Inc. (2015). *SAS(R) 9.4 Output Delivery System: User's Guide.* 4th ed. SAS Institute Inc., Cary, NC.

Matange, S. and Heath, D (2011). *Statistical Graphics Procedures by Example: Effective Graphs Using SAS.* SAS Institute Inc., Cary, NC.

第 2 章

・**生存関数の推定法**

Kaplan, E. L. and Meier, P. (1958). Non-parametric estimation from incomplete observations. *Journal of the American Statistical Association*, **53**, 457–481.

Fleming, T. R. and Harrington, D. P. (1984). Nonparametric estimation of the survival distribution in censored data. *Communications in Statistics—Theory and Methods*, **13**, 2469–2486.

・**率・割合**

佐藤俊哉 (1995). ヘルスサイエンスのための統計科学－ 4 －初歩の生存時間解析. 医学のあゆみ, **173**, 987–993.

佐藤俊哉 (2005). 宇宙怪人しまりす医療統計を学ぶ. 岩波書店.

・**カプラン・マイヤープロットの作成**

長島健悟・佐藤泰憲 (2010). Kaplan-Meier プロットに付加情報を追加するマクロの作成. SAS ユーザー総会 論文集, 285–294.

魚住龍史・浜田知久馬 (2011). SG (Statistical Graphics) Procedures による Kaplan-Meier プロットの作成. SAS ユーザー総会 論文集, 527–540.

魚住龍史・浜田知久馬 (2012). がん臨床試験における腫瘍縮小効果の検討に有用なグラフの作成――SGPLOT プロシジャの最新機能を活用. SAS ユーザー総会 論文集, 151–165.

平井隆幸・吉田早織・叶健・魚住龍史 (2015). ベクター形式を用いたグラフの作成と有用性. SAS ユーザー総会 論文集, 303–310.

魚住龍史・吉田早織・平井隆幸・浜田知久馬 (2016). Kaplan-Meier プロット・Forest プロット作成の応用――グラフ出力範囲内・範囲外への数値出力. SAS ユーザー総会 論文集.

Matange, S. (2013). *Getting Started with the Graph Template Language in SAS: Examples, Tips, and Techniques for Creating Custom Graphs*. SAS Institute Inc., Cary, NC.

・生存関数の信頼区間と信頼バンド

平井健太・吉田祐樹・田崎武信 (2009). 2つの生存関数の差に対する同時信頼区間. SAS ユーザー総会 論文集, 161–169.

佐藤聖士・浜田知久馬 (2011). 生存関数における信頼区間算出法の比較. SAS ユーザー総会 論文集, 267–281.

佐藤聖士・浜田知久馬 (2012). 生存関数における信頼バンド構成法の比較. SAS ユーザー総会 論文集, 321–337.

魚住龍史・森田智視 (2015). 生存時間解析における三種の神器. 呼吸, **34**, 1083–1089.

Klein, J. P. and Moeschberger, M. L. (2003). *Survival Analysis: Techniques for Censored and Truncated Data*. 2nd ed. Springer, New York, NY. 打波守 (訳) (2012). 生存時間解析. シュプリンガー・ジャパン.

Greenwood, M. (1926). The errors of sampling of the survivorship tables. *Ministry of Health Reports on Public Health and Medical Subjects*, **33**, Appendix 1, London: His Majesty's Stationery Office.

Breslow, N. and Crowley, J. (1974). A large sample study of the life table and product-limit estimates under random censorship. *Annals of Statistics*, **2**, 437–453.

Hall, W. J. and Wellner, J. A. (1980). Confidence bands for a survival curve from censored data. *Biometrika*, **67**, 133–143.

Brookmeyer, R. and Crowley, J. (1982). A confidence interval for the median survival time. *Biometrics*, **38**, 29–41.

Nair, V. N. (1984). Confidence bands for survival functions with censored data: a comparative study. *Technometrics*, **26**, 265–275.

Borgan, Ø. and Liestøl, K. (1990). A note on confidence interval and bands for the survival curves based on transformations. *Scandinavian Journal of Statistics*, **18**, 35–41.

Parzen, M. I., Wei, L. J. and Ying, Z. (1997). Simultaneous confidence intervals for the difference of two survival functions. *Scandinavian Journal of Statistics*, **24**, 309–314.

Meeker, W. Q. and Escobar, L. A. (1998). *Statistical Methods for Reliability Data*. John Wiley and Sons, New York, NY.

Kalbfleisch, J. D. and Prentice, R. L. (2002). *The Statistical Analysis of Failure Time Data*. 2nd ed. John Wiley and Sons, Hoboken, NJ.

Liu, X. (2012). *Survival Analysis: Models and Applications*. John Wiley and Sons, Chichester, UK.

・ネルソン・アーレン法による累積ハザード関数の推定法

Nelson, W. (1969). Hazard plotting for incomplete failure data. *Journal of Quality Technology*, **1**, 27–52.

Aalen, O. (1978). Nonparametric inference for a family of counting processes. *Annals of Statistics*, **6**, 701–726.

・カーネル法による平滑化ハザードの推定に関する事例

Hamada, C., Sakamoto, J., Satoh, T., Sadahiro, S., Mishima, H., Sugihara, K., Saji, S. and Tomita, N. (2011). Does 1 year adjuvant chemotherapy with oral 5-FUs in colon cancer reduce the peak of recurrence in 1 year and provide long-term OS benefit? *Japanese Journal of Clinical Oncology*, **41**, 299–302.

・ノンパラメトリック検定

浜田知久馬 (2011). 生存時間解析再入門――生存時間解析のミステリーをひも解く. SAS ユーザー総会 論文集, 3–43.

Gehan, E. A. (1967). A generalized Wilcoxon test for comparing arbitrarily singly-censored samples. *Biometrika*, **52**, 203–223.

Tarone, R. E. and Ware, J. (1977). On distribution-free tests for equality of survival distributions. *Biometrika*, **64**, 156–160.

Fleming, T. R. and Harrington, D. P. (1981). A class of hypothesis tests for one and two samples of censored survival data. *Communications in Statistics*, **10**, 763–794.

Harrington, D. P. and Fleming, T. R. (1982). A class of rank test procedures for censored survival data. *Biometrika*, **69**, 133–143.

Lawless, J. F. (2003). *Statistical Models and Methods for Lifetime Data*. John Wiley and Sons, Hoboken, NJ.

Fine, G. D. (2007). Consequences of delayed treatment effects on analysis of time-to-event endpoints. *Therapeutic Innovation & Regulatory Science*, **41**, 535–539.

Hasegawa, T. (2014). Sample size determination for the weighted log-rank test with the Fleming-Harrington class of weights in cancer vaccine studies. *Pharmaceutical Statistics*, **13**, 128–135.

・検定の多重性

吉村功・大橋靖雄（監修）(1992). 毒性試験データの統計解析. 地人書館.
永田靖・吉田道弘 (1997). 統計的多重比較法の基礎. サイエンティスト社.
浜田知久馬 (2012). 学会・論文発表のための統計学——統計パッケージを誤用しないために（新版）. 真興交易医書出版部.
浜田知久馬 (2015). SAS による多重比較. SAS ユーザー総会 論文集, 367–388.
寒水孝司 (2015). 臨床試験における多重性の諸問題. 計量生物学, **36**, S87–S98.
Dmitrienko, A., Molenberghs, G., Chuang-Stein, C. and Offen, W. (2005). *Analysis Of Clinical Trials Using SAS: A Practical Guide.* SAS Institute Inc., Cary, NC. 森川馨・田崎武信（訳）(2005) 治験の統計解析——理論と SAS による実践. 講談社.
Edwards, D. and Berry, J. J. (1987). The efficiency of simulation-based multiple comparisons. *Biometrics*, **43**, 913–928.
Hsu, J. C. (1992). The factor analytic approach to simultaneous inference in the general linear model. *Journal of Computational and Graphical Statistics*, **1**, 151–168.
Dmitrienko, A., Tamhane, A. C. and Bretz, F. (2009). *Multiple Testing Problems in Pharmaceutical Statistics.* Chapman and Hall/CRC, Boca Raton, FL.
Westfall, P. H., Tobias, R. D. and Wolfinger, R. D. (2011) *Multiple Comparisons and Multiple Tests Using the SAS.* 2nd ed. SAS Institute Inc., Cary, NC.

第 3 章

・PHREG プロシジャの文法

高橋行雄・大橋靖雄・芳賀敏郎 (1989). SAS による実験データの解析. 東京大学出版会.
浜田知久馬 (2000). V.8 における LOGISTIC の機能拡張. 日本 SAS ユーザー会 (SUGI-J) 論文集, 13–38.
魚住龍史 (2014). LS-Means 再考——GLM と PLM によるモデル推定後のプロセス. SAS ユーザー総会 論文集, 449–463.
吉田早織・魚住龍史 (2014). 線形モデルにおける CLASS ステートメントの機能 SAS ユーザー総会 論文集, 474–487.

・モデルの評価

Hosmer, D. W. Jr., Lemeshow, S. and May, S. (2008). *Applied Survival Anal-*

ysis: Regression Modeling of Time to Event Data. 2nd ed. John Wiley and Sons, Hoboken, NJ. 五所正彦（監訳），佐藤泰憲・竹内久朗・長島健悟・中水流嘉臣・平川晃弘・松永信人・山田雅之（訳）(2014). 生存時間解析入門（原書第 2 版）．東京大学出版会．

Kay, R. (1977). Proportional hazard regression models and the analysis of censored survival data. *Applied Statistics*, **26**, 227–237.

Schoenfeld, D. (1982). Partial residuals for the proportional hazards regression model. *Biometrika*, **69**, 239–241.

Simon, R. (1984). Use of regression models: statistical aspects. In: Buyse, M. E., Staquet, M. J. and Sylvester, R. J. ed. *Cancer Clinical Trials: Methods and Practice.* Oxford University Press, Oxford, UK, 444–466.

Harrell, F. and Lee, K. (1986). Verifying assumptions of the Cox proportional hazard model. In *Proceedings of the Eleventh Annual SAS Users Group International Conference.* SAS Institute Inc., 823–828.

Harrell, F., Pollock, B. G. and Lee, E. T. (1987). Graphical methods for the analysis of survival data. In *Proceedings of the Twelfth Annual SAS Users Group International Conference.* SAS Institute Inc., 1107–1115

Wei, L. J., Lin, D. Y. and Weissfeld, L. (1989). Regression analysis of multivariate incomplete failure time data by modeling marginal distribution. *Journal of the American Statistical Association*, **84**, 1065–1073.

Therneau, T. M., Grambsch, P. M. and Fleming, T. R. (1990). Martingale-based residuals and survival models. *Biometrika*, **77**, 147–160.

Lin, D. Y., Wei, L. J. and Ying, Z. (1993). Checking the Cox model with cumulative sums of martingale-based residuals. *Biometrika*, **80**, 557–572.

Grambsch, P. M. and Therneau, Y. M. (1994). Proportional hazards tests and diagnostics based on weighted residuals. *Biometrika*, **81**, 515–526.

・コピュラ

Nelsen, R. B. (2006). *An Introduction to Copulas.* Springer, New York, NY.

Joe, H. (2014). *Dependence Modeling with Copulas.* Chapman and Hall/CRC, Boca Raton, FL.

Durante, F. and Sempi, C. (2015). *Principles of Copula Theory.* Chapman and Hall/CRC, Boca Raton, FL.

・コピュラの適用例

Buyse, M., Michiels, S., Squifflet, P., Lucchesi, K. J., Hellstrand, K., Brune, M. L., Castaigne, S. and Rowe, J. M. (2011). Leukemia-free survival as a surrogate end point for overall survival in the evaluation of maintenance therapy for patients with acute myeloid leukemia in complete remission. *Haematologica*, **96**, 1106–1112.

Oba, K., Paoletti, X., Alberts, S., Bang, Y. J., Benedetti, J., Bleiberg, H., Catalano, P., Lordick, F., Michiels, S., Morita, S., Ohashi, Y., Pignon, J. P., Rougier, P., Sasako, M., Sakamoto, J., Sargent, D., Shitara, K., Cutsem, E. V., Buyse, M. and Burzykowski, T.; GASTRIC group. (2013). Disease-free survival as a surrogate for overall survival in adjuvant trials of gastric cancer: a meta-analysis. *Journal of National Cancer Institute*, **105**, 1600–1607.

・**SAS によるコピュラ**

矢田真城・浜田知久馬 (2014). SAS を用いたコピュラに従う擬似乱数の生成. SAS ユーザー総会 論文集，643–656.

矢田真城・魚住龍史・浜田知久馬 (2015). SAS を用いた C-vine コピュラによる擬似乱数の生成. SAS ユーザー総会 論文集，463–474.

・**SAS/ETS COPULA プロシジャ**

SAS Institute Inc. (2013). *SAS/ETS(R) 13.1 User's Guide.* SAS Institute Inc., Cary, NC.

SAS Institute Inc. (2014). *SAS/ETS(R) 13.2 User's Guide.* SAS Institute Inc., Cary, NC.

SAS Institute Inc. (2015). *SAS/ETS(R) 14.1 User's Guide.* SAS Institute Inc., Cary, NC.

・**サンドイッチ型のロバストな推定量を用いた周辺コックスモデル**

加藤雄一郎・佐野雅隆・寒水孝司・浜田知久馬 (2015). クラスター生存時間データの解析法に関する研究. SAS ユーザー総会 論文集，495.

Lin, D. Y. and Wei, L. J. (1989). The robust inference for the proportional hazards model. *Journal of the American Statistical Association*, **84**, 1074–1078.

Lee, E. W., Wei, L. J. and Amato, D. A. (1992). Cox-Type Regression Analysis for Large Numbers of Small Groups of Correlated Failure Time Observations. In: Klein, J. P. and Goel, P. K. eds., *Survival Analysis: State of the Art*, 237–247, Kluwer Academic Publishers, Dordrecht, Netherlands.

Freedman, D. A. (2006). On the so-called "Huber sandwich estimator" and "Robust standard errors". *The American Statistician*, **60**, 299–302.

・**フレイルティモデル**

Vaupel, J. W., Manton, K. G. and Stallard, E. (1979). The impact of heterogeneity in individual frailty on the dynamics of mortality. *Demography*, **16**, 439–454.

Duchateau, L. and Janssen, P. (2008). *The Frailty Model*. Springer, New York, NY.

Wienke, A. (2010). *Frailty Models in Survival Analysis*. Chapman and Hall/CRC, Boca Raton, FL.

Govindarajulu, U. S., Lin, H., Lunetta, K. L. and D'Agostino, R. B. Sr. (2011). Frailty models: Applications to biomedical and genetic studies. *Statistics in Medicine*, **30**, 1931–194.

・線型混合モデル

Verbeke, G. and Molenberghs, G. (1997). *Linear Mixed Models in Practice: A SAS—Oriented Approach*. Springer, New York, NY. 松山裕・山口拓洋（訳）(2001). 医学統計のための線型混合モデル——SAS によるアプローチ. サイエンティスト社.

第 4 章

・例数設計

佐藤俊哉 (1995). ヘルスサイエンスのための統計科学－5－サンプルサイズの設計. 医学のあゆみ，**173**, 1041–1046.

永田靖 (2003). サンプルサイズの決め方. 朝倉書店.

赤澤宏平・柳川堯 (2010). サバイバルデータの解析——生存時間とイベントヒストリデータ. 近代科学社.

浜田知久馬 (2010). SAS による中間解析のデザインと解析. SAS ユーザー総会 論文集，111–179.

魚住龍史・森田智視 (2015). サンプルサイズ設計. 呼吸，**34**, 788–792.

Ryan, T. P. (2013). *Sample Size Determination and Power*. John Wiley and Sons, Hoboken, NJ.

・フリードマンの方法とショーンフェルドの方法

折笠秀樹 (1996). 臨床研究デザイン——医学研究における統計入門. 真興交易医書出版部.

浜田知久馬・藤井陽介 (2003). 生存時間解析の症例数設計. 日本 SAS ユーザー会 論文集，73–98.

張方紅・寺尾工 (2010). 非劣性試験の症例数設計方法の紹介——生存時間データの場合. SAS ユーザー総会 論文集，87–100.

魚住龍史・矢田真城・浜田知久馬 (2016). SAS プロシジャを用いた生存時間データに対する例数設計の変革. SAS ユーザー総会 論文集.

矢田真城・魚住龍史・浜田知久馬 (2016). 生存時間データに対するベイズ流例数設計. SAS ユーザー総会 論文集.

Collett, D. (2003). *Modelling Survival Data in Medical Research.* 2nd ed. Chapman and Hall/CRC, Boca Raton, FL. 宮岡悦良（監訳），グラクソ・スミスクライン株式会社 バイオメディカルデータサイエンス部：安藤英一・今井由希子・遠藤輝・兼本典明・張方紅・寺尾工・橋本浩史・本間剛介（訳）(2013). 医薬統計のための生存時間データ解析. 共立出版.

Schoenfeld, D. (1981). The asymptotic properties of nonparametric tests for comparing survival distributions. *Biometrika*, **68**, 316–319.

Freedman, L. S. (1982). Tables of the number of patients required in clinical trials using the logrank test. *Statistics in Medicine*, **1**, 121–129.

・Peto の方法

張方紅 (2012). SAS による生存時間解析の実務. SAS ユーザー総会 論文集, 167–184.

Peto, R. and Pike, M. C. (1973). Conservatism of the approximation $\Sigma(O-E)^2/E$ in logrank test for survival or tumor incidence data. *Biometrics*, **29**, 579–583.

Greenland, S. and Salvan, A. (1990). Bias in the one-step method for pooling study results. *Statistics in Medicine*, **9**, 247–252.

Berry, G., Kitchin, R. M. and Mock, P. A. (1991). A comparison of two simple hazard ratio estimators based on the log rank test. *Statistics in Medicine*, **10**, 749–755.

・POWER プロシジャによる生存時間解析の例数設計

浜田知久馬・安藤英一 (2005). POWER プロシジャによる症例数設計. SAS Forum ユーザー会 論文集, 127–151.

中西豊支・五所正彦・菅波秀規 (2006). POWER プロシジャを用いた生存時間解析における症例数設定方法の統計学的一考察. SAS Forum ユーザー会 論文集, 161–169.

水澤純基・浜田知久馬 (2008). 生存時間解析における症例数設計方法の性能比較. SAS ユーザー総会 論文集, 19–28.

魚住龍史・水澤純基・浜田知久馬 (2009). 生存時間解析における Lakatos の症例数設計法の有用性の評価. SAS ユーザー総会 論文集, 143–152.

Lakatos, E. (1988). Sample sizes based on the log-rank statistic in complex clinical trials. *Biometrics* **44**, 229–241.

Lakatos, E. and Lan, K. K. G. (1992). A comparison of sample size methods for the logrank statistic. *Statistics in Medicine*, **11**, 179–191.

・**RAND 関数**

魚住龍史・浜田知久馬 (2013). RAND 関数による擬似乱数の生成．SAS ユーザー総会 論文集，325–333.

Matsumoto, M. and Nishimura, T. (1998). Mersenne twister: a 623-dimensionally equidistributed uniform pseudo-random number generator. *ACM Transactions on Modeling and Computer Simulation*, **8**, 3–30.

・**ISEL 試験の事例**

Thatcher, N., Chang, A., Parikh, P., Rodrigues Pereira, J., Ciuleanu, T., von Pawel, J., Thongprasert, S., Tan, E. H., Pemberton, K., Archer, V. and Carroll, K. (2005). Gefitinib plus best supportive care in previously treated patients with refractory advanced non-small-cell lung cancer: results from a randomised, placebo-controlled, multicentre study (Iressa Survival Evaluation in Lung Cancer). *Lancet*, **366**, 1527–1537.

事項索引

ア

アイテムストア 101–103
位置依存型 100, 101
位置非依存型 100, 101
一般化ウイルコクソン (Wilcoxon) 検定 30, 65, 66, 69–71
一般化逆行列 68
一般化残差 119
イベント数 32, 155, 156, 162, 164, 165, 170, 174, 181, 183, 187
打ち切り 1
　区間—— 2, 6, 7
　左側—— 2, 6, 7
　右側—— 1, 2, 6, 7
オムニバスな検定 68, 77
重み 66, 69
　ノンパラメトリック検定と—— 69
重み付きショーンフェルド (Schoenfeld) 残差 125
折れ線ハザードモデル 190

カ

カイ二乗 (χ^2) 検定統計量 68
確率密度関数 8, 27, 64, 159
　最小 p 値の—— 75
加速モデル 5
カーネル関数 62, 64
カプラン・マイヤー (Kaplan-Meier) 推定量 23
　——の標準誤差 42
カプラン・マイヤー (Kaplan-Meier) プロット 25
　SGPLOT プロシジャによる—— 34
　信頼区間を付加した—— 47
　信頼バンドを付加した—— 54
　——の修飾 26
　リスク集合を付加した—— 29
カプラン・マイヤー (Kaplan-Meier) 法 21, 22
観察情報量 160
観測事象数 32
観測死亡数 66
基準生存関数 84
基準ハザード関数 7, 83, 85
期待死亡数 66
擬似乱数 188
逆正弦変換 43, 44, 52, 54, 55, 57
共変量および多変量の調整 106, 108
区間打ち切り 2, 6, 7
区分直線モデル 5, 175, 190 103, 196
　——による例数設計 100
クラスター生存時間データ 143, 144
グリーンウッド (Greenwood) の公式 42
傾向性の検定 71
検出力 153, 154, 179
　——曲線 181, 187
コックス (Cox) 回帰 83
　——の係数 85, 170
コックス・スネル (Cox-Snell) 残差 118
　修正—— 119
コックス・マンテル・ヘンセル (Cox-Mantel-Haenszel) 検定 170
骨髄腫のデータ 15
固定効果 88, 89, 144
コピュラ 146–148

209

サ

最強力検定 70
最小二乗平均 88, 89, 106
最大対比法 114
最大反復計算数 168
最尤推定
 指数分布に基づくパラメータの―― 159
 ――量 160
 ――量の分散 160
サブグループ解析 113
残差 117, 118
 一般化―― 119
 修正コックス・スネル (Cox-Snell)―― 119
 ショーンフェルド (Schoenfeld)―― 123
 スコア―― 126
 デビアンス―― 120
 ――統計量 117
 ――プロット 137, 139
 マルチンゲール―― 120
サンドイッチ分散 148, 150
シェフェ (Scheffé) 法 73, 74
指数分布 9, 158, 191
 ――に基づくパラメータの最尤推定 159
 ――に基づく尤度比検定 69, 71
シダック (Šidák) 法 73-75, 80, 82
四分位点 24
シミュレーション
 ――回数（多重比較） 74, 82
 ――回数（モデルの評価） 127, 133
 ――による検出力 187
 ――法（多重比較） 74, 75, 81, 112, 114, 116
 モンテカルロ―― 188
ジャーナルスタイル 18
修正コックス・スネル残差 119
修正ピトー・ピトー (Peto-Peto) 検定 30, 69, 71
周辺コックスモデル 148, 151
寿命データ解析 1
瞬間死亡率 8, 83

ショーンフェルド (Schoenfeld) 残差 123
 重み付き―― 126
ショーンフェルド (Schoenfeld) の方法 156, 159, 163-166, 170, 171, 173-175, 187, 188, 190
人年法 158, 159
信頼区間 51
 生存関数の―― 28, 42-44
 同時―― 28
 尤度比検定ベースの―― 104
 ワルド検定ベースの―― 104
 ――を付加したカプラン・マイヤープロット 47
信頼限界 44
信頼バンド 51
 EP (equal-precision) 型―― 28, 51-54, 57
 HW (Hall-Wellner) 型―― 28, 51-55, 57
 生存関数の―― 28, 51
 ――を付加したカプラン・マイヤープロット 54
膵臓癌のデータ 14
推定不能 50
スコア残差 126
スコア統計量 66
 ――の分散・共分散 67
スチューデント化された最大モジュール検定に基づく方法 74
制限付き最尤法 151
生存関数 7, 83, 85
 カプラン・マイヤー法 22, 24, 25
 ――の群間比較 65
 ――の信頼区間 28, 42-44
 ――の信頼バンド 28, 51
 ――の推定値 24, 44, 45, 47
 ――の対数 27
 ――の2重対数 27
 ――のノンパラメトリック推定 24, 25
 生命表法 22, 25
 ブレスロウ (Breslow) 法 22
 フレミング・ハリントン (Fleming-Harrington) 法 22
生存時間解析 1

——と SAS 1
——における例数設計 156
生存数 33
生存率 33
——の分散 42
精密の半径 74
積極限
——法 22, 25
——推定量 24
切断指数分布 174
線型仮説に対する検討 (PHREG プロシジャ) 88
線型性の仮定の評価
累積マルチンゲール残差プロットによる—— 135
セミパラメトリックなモデル 85
総観察期間 178, 179

タ

対数線型モデル 5, 94
対数変換 43, 44, 51
    2 重—— 42–44, 46, 52–54, 57
対数尤度関数 160
対比係数 89, 90, 96–101
多重性 73, 106, 108, 116
多重比較 73
脱落 1
    ——を考慮した例数設計 185
ダネット (Dunnett-Hsu) 法 73, 74
ダミー変数 85, 87
タローン・ウェア (Tarone-Ware) 検定 30, 69–71
デザイン行列 87, 88
デビアンス残差 120
デビアンス統計量 121
テューキー (Tukey-Kramer) 法 73, 74, 78–82, 106
調整 p 値 74, 75, 80
同時信頼区間 28, 51
同時信頼バンド 51
糖尿病性網膜症のデータ 15, 145
登録期間 156, 172, 178
    ——を考慮した例数設計 172
登録例数 182, 183

ナ

2 重対数プロット 85
2 重対数変換 42–44, 46, 52–55, 57
二元配置モデル 94
ネルソン・アーレン (Nelson-Aalen) 法 6, 21, 59–62
ノンパラメトリック検定 22, 65, 69–72

ハ

肺癌のデータ 12, 90
ハザード 62
ハザード関数 7, 27, 83, 93
    累積—— 8
ハザード比 84, 156
    ——の見積もり 157
ハリントン・フレミング (Harrington-Fleming) 検定 30, 69–71
バンド幅 60, 64
左側打ち切り 2, 6, 7
必要例数 156, 162, 164, 166, 173, 174, 176, 177, 179, 187
ピトー (Peto) 法 168, 169
ピトー・ピトー (Peto-Peto) 検定 30, 69, 71
    修正—— 30, 69, 71
皮膚癌のデータ 11, 76
比例ハザード性 84, 85
    累積ショーンフェルド (Schoenfeld) 残差プロットによる——の評価 127
    ——を仮定した例数設計 180
比例ハザードモデル 83–85
フィッシャー (Fisher) 情報量 160
フォーマット 16, 17
フォローアップ期間 156, 172, 178
部分尤度 84
フリードマン (Freedman) の方法 156, 159, 161, 162, 165, 166, 170, 171, 173–175, 187, 188, 190
プリファレンス 18
ブルックマイヤー・クローリー (Brookmeyer-Crowley) 法 50
フレイルティモデル 144, 145, 149–151
    ガンマ—— 150
    対数正規—— 145, 150

事項索引 211

ブレスロウ (Breslow) 法　21, 59, 62
分位点回帰　6
分子標的薬　113
平滑化ハザード　27, 60, 62, 65
変換なし　43, 44, 51, 53, 57
変動係数　150
変量効果　144
ホルム (Holm) 法　112
ボンフェローニ (Bonferroni) 法　73, 75, 80, 82, 112

マ

マルチンゲール残差　120
右側打ち切り　1, 2, 6, 7
未調整 p 値　78
メディアン生存時間　50, 158
メルセンヌ・ツイスタ (Mersenne-Twister)　188
モデル情報　101–103
モデルの評価　119

ヤ

有効スコア関数　160
尤度比検定
　　指数分布に基づく——　69, 71
　　——ベースの信頼区間　104
予測生存時間曲線　108, 117

ラ

ラカトス (Lakatos) の方法　175, 176, 187, 188, 190
リスク集合　23
リスクのある対象者数　32, 33
累積ショーンフェルド (Schoenfeld) 残差プロット　131, 132, 134, 135
　　——による比例ハザード性の評価　127
累積ハザード関数　8, 59, 87
　　——の分散　59
累積分布関数　28
　　最小 p 値の——　75
累積マルチンゲール残差プロット　135–137, 140–142
　　——による線型モデルの仮定の評価　135
例数設計　153
　　DATA ステップによる——　170
　　POWER プロシジャによる——　175
　　アンバランスな割付を考慮した——　174
　　生存時間解析における——　156
　　脱落を考慮した——　185
　　登録期間を考慮した——　172
　　——のオクタゴン　156
　　——のペンタゴン　154
　　比例ハザード性を仮定した——　180
ログランク検定　30, 66, 69–71
　　——との関連　166
ロジット変換　44, 52
ロバスト分散　148, 150

ワ

ワイブル (Weibull) 分布　9
割付比　174
ワルド (Wald) 検定
　　——統計量　169
　　——ベースの信頼区間　104

英文索引

DPI (dots per inch)　18
　　IMAGE_DPI　18
EP (equal-precision) 型信頼バンド　28, 51–54, 57
Form of Survival Curve　181
Gehan のデータ　10, 24
GTL (Graph Template Language)　35
HTML を作成する　18
HW (Hall-Wellner) 型信頼バンド　28, 51–55, 57
ISEL (Iressa Survival Evaluation in Lung Cancer)　192
Not Estimable　51
Number of Time Sub-Intervals　181
ods _all_ close　19
ODS (Output Delivery System)　17
ODS GRAPHICS　17, 22, 24–26, 29, 34, 35, 38, 54, 55, 102, 106, 128, 132
　　——を使用する　17
ODS HTML　18

STYLE = JOURNAL　18
ODS LISTING　37, 38
ODS SELECT　37, 72, 106, 110, 142, 167
ODS TRACE　37
PowerPoint　19
PROBMC 関数　80
RAND 関数　188
RANEXP 関数　188
REML (restricted maximal likelihood)　150, 151
SAS/ETS　2, 148
SAS/OR　2
SAS/QC　2
SAS/STAT　2, 3
SAS プログラム　10
SG (Statistical Graphics)
　　——Annotation　39
　　——プロシジャ　34, 35
VALung (Veterans Administration Lung cancer trial)　12

213

SAS プロシジャ関連索引

COPULA プロシジャ 148

CORR プロシジャ 121
    PLOTS =
        MATRIX(HISTOGRAM) 121

FORMAT プロシジャ 16

ICLIFETEST プロシジャ 6

ICPHREG プロシジャ 6, 7

LIFEREG プロシジャ 5

LIFETEST プロシジャ 4
    AALEN 59
    ALPHA = 43, 45, 51, 54
    ATRISK = 32
    BANDMAXTIME|BANDMAX = 52
    BANDMINTIME|BANDMIN = 52
    CONFBAND = 51, 53
    CONFTYPE = 43–47, 51, 53, 54, 57
    METHOD = 22, 60, 62
    NELSON 59
    STRATA 文 24, 66, 69
        ADJUST = 73, 78, 80
        （シミュレーション法関連）
            ACC = 74
            ALPHA = 74
            EPS = 74

            NSAMP = 74
            REPORT 74, 80, 81
            SEED = 74, 80
    DIFF = 74, 78
    GROUP = 70
    NODETAIL 71
    NOLABEL 71
    NOTEST 71
    ORDER = 71
    TEST = 69, 72
    TREND = 71
    OUTSURV|OUTS = 43, 44, 51
    PLOTS = 27
        PLOTS = H(オプション) 60
            BANDWIDTH|BW 60
            CL 62
            GRIDL 62
            GRIDU 62
            KERNEL = 62, 64
            NGRID = 62
            NMINGRID = 62
    PLOTS(ONLY) 63
    PLOTS = S(オプション) 27
        ATRISK 27, 29, 30
        ATRISKTICK|ATRISKLABEL 27, 29, 30
        CB = 28, 54
        CL = 28
        FAILURE|F 28
        NOCENSOR 28
        OUTSIDE 27, 31, 32
        STRATA = 28, 48
        TEST 28–30

PHREG プロシジャ 4, 86, 88
  ASSESS 文 126–128, 132, 135, 141
    CRPANEL 127, 142
    NPATHS = 127, 132
    PH|PROPORTIONALHAZARDS 126, 127
    RESAMPLE 127, 132, 141
    SEED = 127
    VAR = 126, 141
  BASELINE 文 108
    COVARIATES = 109
    DIRADJ 109
    GROUP = 109
    NOMEAN 109
    OUT = 109
    SURVIVAL = 109
  CLASS 文 86
    DESCENDING|DESC 87
    ORDER = 86, 87
    PARAM = 87
    REF = 87
  COVS(AGGREGATE) 148
  ESTIMATE 文 89, 94, 96–101, 103, 113
    (LSMEANS 文を参照)
  HAZARDRATIO 文 103–105
    CL = 103
    DIFF = 105
    UNITS = 104
  ID 文 148
  LSMEANS 文 88, 94, 98–101, 106, 111
    ADJUST|ADJ = 90, 106, 111, 112, 114
      (シミュレーション法関連)
        REPORT 112, 115
        SEED = 112
    CL 90, 99
    E 90, 96
    EXP 90, 99
  LSMESTIMATE 文 89, 96–101, 112–114
    (LSMEANS 文を参照)
  MODEL 文 86
    ITPRINT 169

  MAXITER = 168
  OUTPUT 文 118
    ATRISK 119
    DFBETA 119
    LD 119
    LMAX 119
    LOGLOGS 119
    LOGSURV 119, 122
    RESDEV 119, 122
    RESMART 119, 122
    RESSCO 119
    RESSCH 119
    STDXBETA 119
    SURVIVAL 119
    WTRESSCH 119
    XBETA 119
  PLOTS(OVERLAY) = 108
  RANDOM 文 145, 149, 151
    DIST = 150
    METHOD = 151
  STORE 文 101, 102

PLM プロシジャ 102
  RESTORE 文 102
  SHOW 文 103

POWER プロシジャ 5
  ——による検出力曲線 184
  ——による実行例 177
  ——による生存時間解析の例数設計 175
  PLOTS 文 184
    YOPTS = 184
  TWOSAMPLESURVIVRL 文 175, 177
    ACCRUALRATEPERGROUP| ACCRUALRATEPERG| ARPERGROUP|ARPERG = 182, 183
    ACCRUALRATETOTAL| ARTOTAL = 182, 183
    ACCRUALTIME|ACCTIME| ACCRUALT|ACCT = 178, 179
    MAX 193
    ALPHA = 178

SAS プロシジャ関連索引 215

CURVE("*label*") = 179, 180, 190, 191
EVENTSTOTAL|
　EVENTTOTAL|EETOTAL
　= 181
FOLLOWUPTIME|FUTIME|
　FOLLOWUPT|FUT = 178, 179
　MAX 194
GROUPACCRUALRATES|
　GACCRUALRATES|
　GROUPARS|GARS = 182
GROUPLOSSEXPHAZARDS|
　GLOSSEXPHAZARDS|
　GROUPLOSSEXPHS|
　GLOSSEXPHS = 185, 186
GROUPMEDSURVTIMES|
　GMEDSURVTIMES|
　GROUPMEDSURVTS|
　GMEDSURVTS = 178, 181
GROUPNS|GNS = 179
GROUPSURVEXPHAZARDS|
　GSURVEXPHAZARDS|
　GROUPSURVEXPHS|
　GEXPHS = 178, 181
GROUPSURVIVAL|GSURVIVAL|
　GROUPSURV|GSURV = 179, 180
GROUPWEIGHTS|
　GWEIGHTS = 179, 194
HAZARDRATIO|HR = 178, 180, 181
NFRACTIONAL|NFRAC 182
NPERGROUP|NPERG = 179, 181
NSUBINTERVAL|
　NSUBINTERVALS|NSUB|
　NSUBS = 190
NTOTAL = 179, 181
OUTPUTORDER = 194
POWER = 179
REFSURVEXPHAZARD|
　REFSURVEXPH = 178, 181
REFSURVIVAL|REFSURV = 179, 180
　SIDES = 178
　TEST = 177
　TOTALTIME|TOTALT 178, 179
　　MAX 193

PRINT プロシジャ 44, 53

QUANTLIFE プロシジャ 6

QUANTREG プロシジャ 6

SGPANEL プロシジャ 34, 35, 48, 92, 108, 117
　COLAXIS 文 49
　NOVARNAME 49
　PANELBY 文 49
　REFLINE 文 49
　ROWAXIS 文 49
　ROWS = 49
　STEP 文 49
　　LINEATTRS = 49

SGPLOT プロシジャ 34, 35
　KEYLEGEND 文 39
　STEP 文 38
　　CURVELABEL 90
　　GROUP = 38
　　NAME = '名称' 39
　SCATTER 文 38
　　MARKERATTRS = 38
　XAXIS 文 38
　XAXISTABLE 文 40, 41
　　CLASS = 40
　　X = 40
　YAXIS 文 38
　YAXISTABLE 文 40, 41

SGRENDER プロシジャ 34, 35, 40

SGSCATTER プロシジャ 34, 35, 123
　MATRIX 文
　　DATALABEL = 123

SURVEYPHREG プロシジャ 5

著者略歴

大橋　靖雄（おおはし・やすお）
1954年　福島に生れる
1976年　東京大学工学部卒業
1979年　東京大学大学院工学研究科博士課程中退
現　在　中央大学理工学部人間総合理工学科教授，東京大学名誉教授，工学博士
主　著　『生存時間解析――SASによる生物統計』（共著，東京大学出版会，1995）
　　　　『SASによるデータ解析入門』［第3版］（共著，東京大学出版会，2011）
　　　　『生物統計学の世界』（スタットコム，2014）

浜田知久馬（はまだ・ちくま）
1965年　東京に生れる
1987年　東京理科大学薬学部卒業
1989年　東京理科大学大学院工学研究科修士課程修了
現　在　東京理科大学工学部情報工学科教授，博士（保健学）
主　著　『生存時間解析――SASによる生物統計』（共著，東京大学出版会，1995）
　　　　『SASによるデータ解析入門』［第3版］（共著，東京大学出版会，2011）
　　　　『新版　学会・論文発表のための統計学――統計パッケージを誤用しないために』
　　　　（真興交易医書出版部，2012）

魚住　龍史（うおずみ・りゅうじ）
1986年　東京に生れる
2014年　東京理科大学大学院工学研究科修士課程修了
現　在　京都大学大学院医学研究科医学統計生物情報学教室助教

生存時間解析　応用編――SASによる生物統計
2016年7月13日　初　版

［検印廃止］

著　者　大橋靖雄・浜田知久馬・魚住龍史
発行所　一般財団法人　東京大学出版会
　　　　代表者　古田元夫
　　　　153-0041 東京都目黒区駒場 4-5-29
　　　　電話 03-6407-1069　　Fax 03-6407-1991
　　　　振替 00160-6-59964
　　　　URL http://www.utp.or.jp/
印刷所　三美印刷株式会社
製本所　誠製本株式会社

ⓒ2016 Yasuo Ohashi *et al.*
ISBN 978-4-13-062317-9　Printed in Japan

[JCOPY]〈（社）出版者著作権管理機構　委託出版物〉
本書の無断複写は著作権法上での例外を除き禁じられています．複写される場合は，そのつど事前に，（社）出版者著作権管理機構（電話 03-3513-6969　FAX 03-3513-6979，e-mail: info@jcopy.or.jp）の許諾を得てください．

大橋靖雄・浜田知久馬
生存時間解析
SASによる生物統計　　　　　　　　A5判・288頁・3600円

ホスマー，レメショウ，メイ／五所監訳
生存時間解析入門〔原書第2版〕　　A5判・440頁・5000円

SASで学ぶ統計的データ解析シリーズ

竹内啓監修／市川・大橋・岸本・浜田・下川・田中
① SASによるデータ解析入門〔第3版〕　B5判・290頁・3400円

竹内啓監修／豊田秀樹
③ SASによる共分散構造分析　　　　B5判・272頁・3800円

東京大学教養学部統計学教室編 基礎統計学シリーズ

Ⅰ　統計学入門　　　　　　　　　　A5判・320頁・2800円

Ⅱ　人文・社会科学の統計学　　　　A5判・424頁・2900円

Ⅲ　自然科学の統計学　　　　　　　A5判・392頁・2900円

ここに表示された価格は本体価格です．御購入の際には消費税が加算されますので御了承下さい．